由"十三五"国家重点研发计划"装配式混凝土工业化建筑高效施工关键技术研究与示范"（2016YFC0701700）资助

预埋吊件剪切力学性能试验研究

孟宪宏　李小阳　高　迪　著

U0296293

中国建筑工业出版社

图书在版编目（CIP）数据

预埋吊件剪切力学性能试验研究 / 孟宪宏，李小阳，高迪著.
北京：中国建筑工业出版社，2018.10
ISBN 978-7-112-23013-6

Ⅰ.①预…　Ⅱ.①孟…②李…③高…　Ⅲ.①预埋件-剪
切-力学性能试验-研究　Ⅳ.① TU755

中国版本图书馆 CIP 数据核字（2018）第 270827 号

本书通过总结国内外关于预埋吊件楔形体破坏的极限承载力的计算方法，将我国规
范《混凝土结构后锚固技术规程》JGJ 145—2013、美国规范《ACI 318》第十七章以及
英国规范《CEN/TR 15728》得到的理论计算值与试验中得到的极限承载力进行对比，对
比结果为：试验中的极限承载力比三个计算的理论值均大，其中美国规范《ACI 318》第
十七章理论值与英国规范《CEN/TR 15728》理论值比较接近，我国规范《后锚固规程》理
论值计算结果较小，这些均为确定有效的安全系数的取值范围提供了理论基础。

本书内容共 5 章，包括：第 1 章绪论，第 2 章试验方案设计，第 3 章预埋吊件剪
切试验现象及结果分析，第 4 章预埋吊件剪切承载力理论分析，第 5 章结论与展望。

本书可供预埋吊件研究人员及科研院校借鉴使用。

责任编辑：王华月　范业庶
责任校对：王　瑞

预埋吊件剪切力学性能试验研究

孟宪宏　李小阳　高　迪　著

＊

中国建筑工业出版社出版、发行（北京海淀三里河路9号）
各地新华书店、建筑书店经销
北京建筑工业印刷厂制版
北京圣夫亚美印刷有限公司印刷

＊

开本：787×960毫米　1/16　印张：4¾　字数：88千字
2018年12月第一版　　2018年12月第一次印刷
定价：**25.00**元
ISBN 978-7-112-23013-6
（33083）

前　　言

为了促进我国工业化的发展，响应国家对装配式建筑的号召，维护可持续发展战略，促进生态平衡，未来我国的装配式建筑发展将进入白热化阶段。预制构件作为装配式混凝土结构建筑的基本组成单元，随着装配式建筑的飞速发展而将大量生产，区别于现浇结构在现场的操作方式，预制构件需要在工厂内生产完毕，再运到现场进行安装。因此，预制构件在混凝土浇筑成型后，脱模、起吊、运输和安装到位都需要用到预埋吊件。大量预埋吊件的应用必须保证安全，但目前我国对于预埋吊件的相关规范和标准仍处于空白状态，这将使预埋吊件的使用存在很多不确定性因素和安全隐患。在预制构件的吊装过程中，预埋吊件会遇到很多受剪力作用的情况，因此预埋吊件在剪力作用下的力学性能的试验研究很有必要，为确定可行的剪切试验方法和可靠的安全系数提供依据。

本书的主要研究内容有：根据 100mm、150mm 两种不同的边距影响，对国外 F 公司和国内 D 公司共计 47 个预埋吊件在同一强度等级的混凝土中进行剪力作用下的试验研究。观察预埋吊件的受剪力学性能，计算楔形体破坏形式的角度，分析荷载-位移曲线之间的变化关系，研究发生混凝土楔形体破坏的抗剪极限承载力与预埋吊件自身物理特性之间的关系。结果显示：试验中所有的预埋吊件最终均发生混凝土楔形体破坏，其破坏角度与理想状态下的破坏角度十分接近；预埋吊件自身的直径、预埋到混凝土中的深度、预埋吊件轴心到剪力垂直边缘的距离与抗剪承载力大小之间呈正相关，因此确定此加载试验方法切实可行。

总结国内外关于预埋吊件楔形体破坏的极限承载力的计算方法，将我国规范《混凝土结构后锚固技术规程》JGJ 145、美国规范 ACI 318 第十七章以及英国规范 CEN/TR 15728 得到的理论计算值与试验中得到的极限承载力进行对比，对比结果为：试验中的极限承载力比三个规范计算的理论值均大，其中美国规范 ACI 318 第十七章理论值与英国规范 CEN/TR 15728 理论值比较接近，我国规范《混凝土结构后锚固技术规程》理论值计算结果较小，这些均为确定有效的安全系数的取值范围提供了理论基础。

本书的研究工作是在戴承良、张卢雪、谷立、郭玮、毕佳男、夏程、王亚楠等研究生以及沈阳建筑大学结构实验室技术人员的参与下完成的，在此对他们所做的贡献表示衷心的感谢。

感谢沈阳建筑大学土木工程学院周静海教授对本书的支持。

感谢中国建筑科学研究院王晓锋研究员对本书的支持。

本书由"十三五"国家重点研发计划"装配式混凝土工业化建筑高效施工关键技术研究与示范"（2016YFC0701700）资助。

目　　录

第 1 章　绪论

1.1　研究背景

　　装配式混凝土结构是国内外建筑工业化最重要的生产方式之一，它具有提高建筑质量、缩短工期、节约能源、减少消耗、清洁生产等多个优点。目前，我国的建筑体系通过借鉴国外经验也开始逐渐采用装配式混凝土结构的形式，并取得了良好的效果。

　　预制混凝土技术起源于英国，早在 19 世纪 70 年代英国就提出了在结构承重骨架上安装预制混凝土墙板的新型建筑方案。到 19 世纪 90 年代初法国的一个公司首次在一个俱乐部建筑中使用了预制混凝土梁。第二次世界大战结束后，装配式混凝土结构首先在欧洲的西部发展起来，然后逐步推向世界各个国家。发达国家的装配式混凝土结构形式的建筑经过了几十年甚至上百年的时间，相对于发展中国家而言已经发展到了相对成熟、完善的阶段 [1-2]。

　　我国的装配式混凝土结构起源于 20 世纪 50 年代，早起受苏联预制混凝土建筑模式的影响，主要应用在工业厂房、住宅、办公楼等建筑领域。20 世纪 50 年代后期到 80 年代中期，绝大部分单层工业厂房都采用预制混凝土建造。进入 21 世纪以后，国内掀起了装配式混凝土结构的热潮。装配式混凝土结构的预制构件具有生产效率高、节约能源、产品质量好和减少对周围环境的影响的优点，尤其是它可以改善工人劳动条件、降低工程成本、环境影响小、缩短工期、使用性能好、保证工程质量，有利于我国一直提倡的社会可持续发展，这些优点决定了装配式混凝土结构是未来建筑发展的一个必然方向 [3, 4]。

　　随着新型城镇化的稳步推进，人民生活水平不断提高，全社会对建筑品质的要求也越来越高。与此同时能源和环境压力逐渐增大，建筑行业竞争加剧。建筑产业现代化对推动建筑业产业升级和发展方式转变，促进节能减排和民生改善，推动城乡建设走上绿色、循环、低碳的科学发展轨道，实现经济社会全面、协调、可持续发展，不仅意义重大，更是迫在眉睫 [5, 6]。

　　我国推进经济增长是采用粗放型经营，依赖资源和生产资料的简单再投入的方式，这种经营理念和策略只能支撑短时间内的经济效益，但不能使我国的国民经济快速健康发展。建筑行业在我国国民经济中处于中流砥柱的地位。但是，传统建筑方式的资源和能源消耗巨大，建筑消耗占能源消耗的 30%，建筑垃圾占城市垃圾总量的 30% ~ 40%。建筑工业化会提高建筑业的生产率，降低能源的消耗和垃圾的产生。根据有关部门的估算，装配式建筑对比传统的现浇建筑，每平方米能源用量可减少 20%，水用量可减少 63%，木模板用量可减少 87%，建筑垃圾可减少 91%。建筑工业化势在必行 [7]。

2016 年 2 月 6 日中共中央和国务院联合出台的《中共中央 国务院关于进一步加强城市规划建设管理工作的若干意见》在第四大点提升城市建设水平下的第十一条中指出：发展新型建造方式。大力推广装配式建筑，减少建筑垃圾和扬尘污染，缩短建造工期，提升工程质量。制定装配式建筑设计、施工和验收规范。完善部品部件标准，实现建筑部品件工厂化生产。鼓励建筑企业装配式施工，现场装配。建设国家级装配式建筑生产基地。加大政策支持力度，力争用 10 年左右时间，使装配式建筑占新建建筑的比例达到 30%。由此可见国家对装配式混凝土结构的支持和重视程度，同时此项意见的出台势必会促进装配式混凝土结构的大力发展，在建筑界掀起一股装配式热潮，相应的预制构件就会大批量、成系统的生产，后期的脱模、吊装、运输以及安装就位都需要用到预埋吊件，从而促进预埋吊件的生产和使用 [8-9]。

那么什么是预埋吊件？我国是在《混凝土结构工程施工规范》GB 50666—2011[10] 的条文说明的第 9.2.4 条中第一次提出这个概念的。定义为混凝土浇筑成型前埋入预制构件内用于吊装连接的金属件，通常为吊钩或吊环形式。目前，进入我国大部分的施工现场会发现，用来吊装预制构件的是一种用热轧光圆钢筋弯成的吊环，如图 1-1 所示。但是采用这种形式的吊环进行吊装具有一定的缺点，首先，众所周知光圆钢筋的强度比较低，并且与混凝土之间的粘结力和机械咬合力较带肋钢筋差一些，所以如果需要达到安全吊装的目的，需要将预留的锚固长度加长，这样做是比较浪费材料的，不能响应我国节能减排和可持续发展的号召，造成资源浪费和经济损失；此外，因为吊环有一部分暴露出混凝土表面 [11]，等到预制构件安装就位后，需要将这一部分切割掉，这样不但影响构件外表的美观度，而且切割完后的钢筋暴露在空气中，势必会腐蚀生锈，不利于构件的耐久性。因此，采用光圆钢筋制作吊环的方法逐渐走出人们的视野，新型预埋吊件将慢慢占据建筑行业市场。当下，新型预埋吊件在我国还没有大范围、成系统的应用，而欧美、日本等国家已经十分普及，这从侧面表明了我国的建筑工业化和这些国家相比还处于比较滞后的水平，仍有很大的提升空间，新型预埋吊件如图 1-2 所示。

图 1-1　传统吊环
Fig1.1　Traditional lifting loop

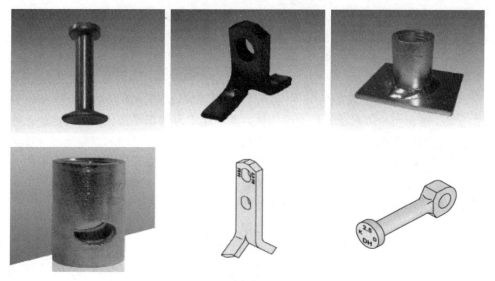

图 1-2　新型预埋吊件
Fig1.2　New insert

　　装配式混凝土结构建筑的普及，使得预制构件大量生产，从而促进预埋吊件的大批量应用，不论是经济方面、社会方面还是环境方面都会带来很好的效益[12]。

　　经济效益：预埋吊件大规模合理的使用，促进相关企业强化规模，更好的实现该类产品标准的国际化，市场的有序化，以满足建筑行业国际化发展的要求。

社会效益：本试验研究成果可为我国确定预埋吊件力学性能基本试验方法提供依据，并用于预埋吊件生产及应用中性能检验。一套切实可行的试验方法对于编制该类产品的建筑工业技术规范具有非常重要的现实意义，避免无检测标准带来的安全隐患，将会产生很好的社会效益。

环境效益：本试验的顺利完成，会促进预埋吊件的大规模使用，从而促进装配式混凝土结构在建筑领域和谐、稳步的推广。装配式混凝土结构采用工厂化生产，使得建筑垃圾大幅度减少，同时也节省了模板，缩短了工期，减少了噪声的传播等。履行了可持续发展的要求的义务，符合国家推行的又好又快的发展政策，从而提高了环境效益。

欧美、日本等发达国家已经应用的很普遍，并且都有适合自己国家及地区的使用标准和规范，能够保证脱模、运输和吊装等整个施工过程的安全问题。预埋吊件在我国属于新兴的一种产品，目前该产品的生产和使用技术都是来自国外，国内的各个公司都确立了自己的产品标准，但是没有一个统一并且权威的生产和使用标准。同时，预埋吊件在生产过程中，没有规范的约束，很有可能没有留出足够的安全储备，这将会使预埋吊件和预制构件配合应用的过程中存在巨大的安全隐患[13]。

我国目前对于预埋吊件的使用规范还处于空白状态，国内生产厂家从材料的选取、形状尺寸的设计、构造措施到后期的施工方法都是模仿国外成熟的一些厂家，比如产品说明书中给出的安全承载力、附加钢筋、适用的混凝土强度等级等。我国拥有自己的一套建筑行业标准，与欧美、日本等发达国家相比对于安全系数、参数单位以及后期的检测验收的要求是有异同的，因此不能盲目地直接采用国外相关标准的规定，应该符合我国的国情。

预埋吊件的受力机理和锚栓有些相似，目前我国已经有关于锚栓的规范《混凝土结构后锚固技术规程》JGJ 145—2013[14]（以下简称《后锚固规程》）。虽然两者受力形式相似，但在操作工艺、尺寸形式上还有本质的区别，因此这个规范只能作为参考，而不能直接应用。

1.2　研究目的及意义

预埋吊件在工程实际应用的过程中，不同形式的预制构件吊装会影响预埋吊件的受力形式，但总体会分为受拉、受剪、拉剪耦合三种受力情况。预埋吊件既然受力，就会存在发生各种破坏形式的可能，如何避免在使用过程中发生破坏的可能就成了一个亟待解决的问题，这就需要一套成熟、可靠的理论标准体系作为支撑。但目前我国相关部门并没有出台相关的标准，没有严格的计算作支撑，预埋吊件在使用过程中的安全度就不能保证在合理的范围内，这样会存在不可预估的危险。如图 1-3 所示，预制构件在吊装的过程中，混凝土发生了楔形体破坏，其原因就在于对预埋吊件的承载力完全是靠经验值估计，而没有一个权威、准确计算方法进行统一标准化。因此，进行符合实际工程的试验研究是非常必要的，探索切实可行的试验方法，填补我国相关技术规范和标准的空白，完善预埋吊件的选取方法，规范预埋吊件承载力的计算方式，为推广预埋吊件的应用普及打好基础。

图 1-3　混凝土楔形体破坏
Fig1.3　Concrete wedge destruction

　　预埋吊件在民用建筑工程的实际应用过程中，我们能够见到的，大部分的情况是受拉力和剪力的耦合作用，很少能够见到预埋吊件受到单纯受拉或单纯受剪的情况。但是一个装配式的建筑整体，会有很多种类和数量的预制构件，从脱模到起吊再到整个吊装的过程，以及到最后的安装就位之前，预埋吊件的受力形式多种多样。其中也会出现预埋吊件受到纯剪切荷载的情况。比如墙板，装配式结构的混凝土预制墙板，钢筋的绑扎、混凝土的浇筑都是平行于地面完成的，这个区别于现浇的墙板，所有工序都是垂直于地面完成的。预制墙板安装就位的时候需要垂直于水平面，所以从水平的位置到垂直的位置需要经历脱模、起吊的过程。在脱模、起吊的过程，预埋吊件就只受剪切荷载的作用，如图 1-4 所示。在这个过程当中，由于墙板比较薄，所以不能发生混凝土楔形体破坏的事故，禁止存在任何安全隐患。还有一些大型地下管道、管廊的吊装都会使吊件始终受到剪切力，如图 1-5 所示。

　　因此，进行预埋吊件有边距影响下的剪切力学性能试验研究，是具有经济意义和社会意义的。

图 1-4　墙板起吊

Fig1.4　Wallboard lifting

图 1-5　管道吊装

Fig1.5　Pipeline lifting

1.3　国内外研究概况

目前，不管是国内还是国外对预埋吊件的研究凤毛麟角。虽然国外对预埋吊件的研究相对成熟，也有为数不多的相关规范作为技术指导，但是对于预埋吊件的研究还有待完善。我国对于预埋吊件的研究更是寥寥无几，但我国对锚栓的研究程度正在逐步加深，已经出台了关于锚栓选材、分类、承载力计算以及后期检验、验收等方向的规范。国内诸多学者已经就锚栓的力学性能、破坏形态等方面进行了深入研究。预埋吊件在我国处于起步阶段，各个方向的研究需要一定的理论基础和技术参考，基于锚栓和预埋吊件的受力原理基本相似，在此借鉴锚栓的研究成果，可以在很大程度上推动对预埋吊件的进一步研究。欧美和日本对装配式结构的研究相对成熟，对于预埋吊件的研究也比较深入，并且有相关规范正在执行，这些规范对我国预埋吊件的研究有一定的推动作用。

1.3.1　国内研究进展

相对于锚栓的拉拔力学性能相关研究取得的成果而言，目前我国对于锚栓剪切力学性能试验研究比较少。对于我国已有的锚栓受剪方面的研究进行如下阐述。

2006 ～ 2009 年，同济大学陆洲导[15-19]等人先后对化学锚栓进行了力学性能的研究，包括剪切荷载作用下和弯剪耦合作用下锚栓的试验研究，给出了锚栓的埋深、间距、边距等因素与锚栓极限承载力和破坏形态之间的关系，提出了一系列关于后锚固技术理论的关键点，并得出如下结论：不同的边距和间距影响了锚栓的抗剪承载力和破坏形态，当边距大于锚固深度，极限承载力应该以锚栓自身被剪断为标准，由于以承载力和延性作为评判标准，钢材破坏明显好于混凝土破坏，所以边距小于锚固深度，极限承载力应该以混凝土楔形体破坏为标准。锚栓加载的过程中，如果基材混凝土中出现裂缝，那么此处锚栓的应力会突然变小，位移变化会增大。

2012年重庆大学刘辉[20]对8个不同直径的单个锚栓进行了剪切力学性能的试验研究，观察并且分析了锚栓和混凝土的破坏形态，同时采集了锚栓受剪切作用下的荷载和位移，得出了在其他变量不变的情况下，锚栓的直径越大，其剪切承载力越大的结论。

2012年浙江大学艾文超、童根树、张磊[21]等人对锚栓在钢柱脚处剪力作用下的力学性能进行试验研究，一共15个试件。经分析得出结论：剪力作用下的柱脚连接锚栓的荷载-位移曲线分为弹性阶段、滑移阶段和强化阶段。锚栓连接的剪切承载力和刚度与柱脚底板的厚度呈负相关的关系。底板上的孔径和锚栓之间空隙的大小，对锚栓极限承载力的影响不大，但是对锚栓位移的变化与荷载-位移曲线的滑移部分有不可忽略的影响。

2013年重庆大学郑巧灵[22]针对有机植筋胶和无机植筋胶两种情况，对48个单个锚栓的直接剪切型锚栓的剪切力学性能进行了试验研究，总结规律后得出结论：混凝土局部压碎后可使锚栓刚度有不可忽视的降低。锚栓受到剪力后，当位移小于0.8mm时，荷载-位移曲线大体呈现线性变化；当位移超过0.8mm后，荷载的增长速率明显较位移的增长速率慢，曲线呈现接近水平发展的阶段。锚栓的抗剪刚度随着锚栓直径的增大而增大，并得出锚栓的直径是影响锚栓抗剪承载力的最重要的因素之一。混凝土中的裂缝对锚栓的抗剪承载力有一定的影响，且锚栓直径越小，有裂缝区域的锚栓承载力越低，实际工程中，锚栓是可以应用到带裂缝混凝土中的。

2015年重庆大学张弦[23]将基材混凝土强度等级、锚栓的锚固深度、锚栓的直径以及边距影响作为研究重点，对195个锚栓进行剪切试验，总结并分析了锚栓剪切力学性能与基材混凝土强度等级、埋置深度、锚栓直径、边距影响之间的关系，得出如下结论：由于加载装置的原因，锚栓在受剪的同时，也在受弯矩的作用，因此锚栓并不是理想状态下受纯剪力的作用。在有效埋深和锚栓的直径这两个变量确定不变的情况下，混凝土的强度对锚栓的剪切承载力存在两个阶段的影响：初始阶段，直径≤16mm时，锚栓的刚度基本不受混凝土强度等级的影响，但直径≥20mm时，锚栓刚度受混凝土强度等级影响较大；第二个阶段，当混凝土强度等级在C40以下时，锚栓的承载力随着混凝土强度等级的提高有明显的提高。锚栓的直径是关系到其剪切承载力最关键的因素，两者呈正相关的关系，即锚栓的直径越大，锚栓的承载力越大，刚度也越大。低强度等级混凝土中，边距影响在 ≥ 100mm 的时候是不需要考虑的；高强度等级混凝土中，也可以不考虑 100mm 的边距对刚度的影响，但是要考虑对承载力的折减影响。

由此可见，到目前为止，我国的学者已经对锚栓及类似产品做了深入的研究，并取得了可观的成果，为我国后锚固技术的规范化起了不可磨灭的指导作用。但是，我国对于预埋吊件的研究，到目前只是处于一个起步阶段，据调查，只有沈阳建筑大学两位同学进行了预埋吊件的有关研究，具体介绍如下。

孙圳 [24] 针对无边距影响的 15 个试件和有边距影响的 9 个试件，共计 24 个预埋吊件的拉拔力学性能进行试验研究，其中包括两个公司的产品，并且同一种型号的预埋吊件在同种影响因素条件下，为了避免离散型带来的试验误差，每种做 3 个，试验结果表明：无边距影响状态下，预埋吊件的极限承载力，在直径相同的情况下，与预埋吊件的埋置深度也有关系，即埋置深度越大，预埋吊件的承载力越大。并且测出了不同型号预埋吊件的抗拉承载力，表明该实验方法切实可行。有边距影响状态下，在得到预埋吊件的试验抗拉承载力以后，得到预埋吊件的抗拉承载力的试验平均值，然后将其与预埋吊件产品说明书给出的名义上的承载力，以及用规范计算得出的理论值进行比较，将三者进行从高到低比较依次为：名义值、试验值、规范值。同时，有边距影响下的锥体破坏的裂缝发展角度，普遍比参考规范中给出的角度偏小。

刘伟 [25] 运用有限元软件，对扩底类的预埋吊件抗拉以及抗剪性能，在边距这一个变量因素的影响下进行了数值模拟研究，研究结论可总结为：有边距状态下，数值模拟出来的扩底类预埋吊件的抗拉极限承载力比试验平均值约高 15%，进一步说明了数值模拟针对该类问题研究的可行性。数值模拟出来的结果，当对预埋吊件加载到拉拔极限荷载时，均产生混凝土的锥体破坏，并且这个极限承载力的大小与边距的大小是呈正相关的。剪力作用下的有边距影响的情况下，抗剪极限承载力的大小也是与边距的大小呈正相关的。

1.3.2　国外研究进展

后锚固的相关技术，最早出现在欧美等西方地区，并在当地兴起，经过多年的沉淀和理论经验的积累，已经有了一套比较成熟的规范体系。例如，专门针对锚栓的欧洲规范 [26-28] 《Guideline for European technical approval of metal anchors for use in concrete》（以下简称欧洲规范《ETAG001》）的附录 A 中对锚栓的抗拉、抗剪、抗扭等受力方式的试验做出了详细的规定，并给出了加载装置示意图供参考者参考，如图 1-6 所示。

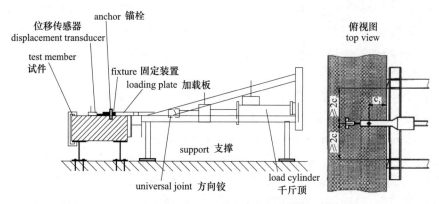

图 1-6　锚栓剪切加载装置示意图

Fig1.6　The schematic diagram of loading device of anchor by shear

美国规范[29-32]《Building code requirements for structural concrete（ACI 318-08）and commentary》（以下简称美国规范《ACI 318》）第十七章中对锚栓的抗拉承载力、抗剪承载力的计算方法做出了明确规定，并考虑到了各种影响因素共同作用下的变化规律，该规范虽然是针对后锚固技术进行推广实施的，但对锚栓的计算方法分为了后锚固和现浇两种情况，其中现浇的情况更加接近于预埋吊件的施工工艺和受力原理，因此美国规范《ACI 318》第十七章对现浇状态下的锚栓的规定将作为我们重点参考的对象。

针对锚栓受剪（图 1-6）的力学性能，国外的学者已经做了大量的深入研究。1991 年 Tamon Ueda[33] 等人对锚栓在素混凝土中受剪进行了一系列的试验研究，包括单个锚栓和群锚共同受力的情况，研究成果显示：锚栓的抗剪承载力与锚栓的间距和锚栓到混凝土边距的距离呈正相关，即间距和边距越大，锚栓的抗剪强度越大。给出了群锚情况下，锚栓之间的最小间距应该不小于 3 倍有效埋深，此时两个锚栓之间应力不会互相影响，当间距大于 8 倍的有效埋深时，相邻的锚栓之间没有任何影响，抗剪承载力基本不变。2005 年英国 M.A.Alqedra[34] 等学者从统计学的角度，对已经完成的 205 个锚栓的剪切试验数据进行理论分析，得出了具有重大意义的结果。德国 Rolf Eligehausen[35-39] 学者进行了单个锚栓在剪力作用下的试验研究，得到了经典的荷载-位移曲线，最终达到钢材破坏时，总共分为摩擦传力、锚板滑移、混凝土局部受压破坏和锚栓被剪断几个阶段。2010 年加拿大 Nam Ho Lee[40] 等学者，对底部扩大型的锚栓进行了剪切试验研究，通过研究试验过程中采集的试验数据对大直径大埋深的锚栓在剪力作用下的受力特性，最终提出了直径较大的锚栓在应用设计过程中的参数的取值。

目前，国内关于预埋吊件的标准规范仍然处于空白状态。国外虽然没有较多的关于预埋吊件的规范，但相应的理论和试验研究要比国内成熟一些，因此已经得出许多建设性的理论。德国、英国等工业化程度成熟的国家，已经实施了关于预埋吊件的一些规范。

德国在欧洲乃至在世界上都是机械化发展最快的国家，很显然装配式建筑也是发展最快的国家之一。2012 年德国发布了规范 [41-42]《Lifting anchor and lifting anchor systems for concrete components》（以下简称德国规范《VDI/BV-BS 6205》），这本规范是国内外为数不多的关于预埋吊件应用的规范，出于安全角度的考虑，对于吊装设备应该完成的工序做出了详细的规定。给出了预埋吊件的规划与设计方法，包括荷载方向的分析、结构承载能力的分析以及预埋吊件使用过程中作用在绳索上的力的计算方法。该规范也考虑到粘结力、摩擦力、动力等作用的影响，但并没有给出关于预埋吊件承载力的计算方法。

2016 年英国重新修订并实施了《Design and use of inserts for lifting and handling of precast concrete elements》[43]（以下简称英国规范《CEN/TR 15728》），该规范根据预埋吊件适用不同的预制构件首先分为两大类：一是适用于墙、梁、柱等线性构件，这样的预埋吊件长细比相对较大；二是适用于板、管道这种比较薄的预制构件，这样的预埋吊件长细比相对较小。然后就是再根据预埋吊件的外形特征、受力特点等因素共分为 6 类，并同时规定了吊装绳索的夹角、脱模系数、不同机械不同场地的动力系数的取值。相对于修订之前的 2008 版规范，2016 版规范中给出了预埋吊件受拉状态下和受剪状态下可能发生的破坏形态的所有可能发生的情况，并给出了避免各种破坏形态发生的建议和构造措施。同时给出了素混凝土中，即预埋吊件周围没有附加钢筋的状态下，受拉可能发生的混凝土锥体破坏、螺杆破坏的承载力计算公式，以及受剪可能发生的混凝土楔形体破坏、混凝土局部受压破坏和吊件受弯破坏的承载力计算公式。在试验的部分还给出了试验加载装置的建议，通过固定试件的方式，从而达到对设置在侧面的预埋吊件施加剪切荷载的目的，如图 1-7 所示。

国外关于预埋吊件的产品信息说明书中，只给出了各种类型预埋吊件的抗拉名义承载力，对剪切荷载作用下的极限承载力并没有给出名义荷载值，只是简单地给出了预埋吊件在承受剪力或者拉剪耦合作用的时候的构造措施。实际工程中，虽然受纯剪切荷载的情况比较少，但是当预制构件的自重很大时，拉剪耦合作用下的水平剪切分力也是非常大的，在这个过程中，也是不允许出现破坏的。因此，在设计初期就考虑到剪切因素的影响，并进行相关验算是很有必要的。经过本书的研究，给出剪力作用下的预埋吊件的安全系数的取值范围，为我国标准化使用预埋吊件做出贡献。

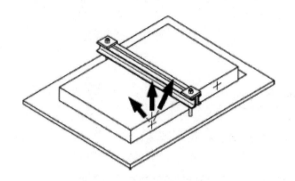

图 1-7　剪切加载装置示意图

Fig1.7　The schematic diagram of shear load device

1.4　本书主要研究内容

鉴于预埋吊件的受力机理与锚栓类似，并且我国关于预埋吊件的相关规范处于空白状态。参考国内外相关文献，美国《ACI 318》第十七章和我国的《混凝土结构后锚固技术规程》JGJ 145—2013（以下统称《后锚固规程》）中的关于现浇情况下混凝土用锚栓的承载力的计算方法，得出不同类型预埋吊件在不同边距影响下承载力的规范理论值。结合工程的实际情况设计试件的尺寸，对国内 D 和国外 F 两个不同公司的共计 57 个预埋吊件，29 个混凝土试件进行两种不同边距影响的剪切试验。在不影响混凝土拟破坏区域的情况下，鉴于预埋吊件数量比较多，同时考虑到试件的运输问题，为了尽可能减少试验试件的个数，因此每个混凝土试件安放两个预埋吊件。其中边距影响为 100mm 的试件 20 个，试件尺寸 900mm×500mm×200mm；边距影响为 150mm 的试件 9 个，试件尺寸 900mm×600mm×250mm。国内 D 公司产品只做边距影响为 100mm 的一种情况。明确剪切荷载作用下楔形体破坏的影响因素，进行预埋吊件剪切试验，获取试验结果，观察破坏形态。分析荷载与位移之间的关系，将规范计算的理论值与试验极限承载力进行对比，并找出其中的规律和变化趋势，给出安全系数取值范围的建议，以此来确定该试验方法是否可行。

第 2 章 试验方案设计

2.1 试验目的和意义

通过预埋吊件的剪切试验，得到破坏荷载的值，与《后锚固规程》中的计算值进行比较，给出预埋吊件设计安全系数的取值范围的建议。从而可以了解预埋吊件的力学性能与破坏形态，验证该试验方法是否可行，为确定标准试验方法提供依据。

针对本次试验目的，对国内、国外两个不同厂家的共计 47 个预埋吊件开展剪切试验，其中 F 公司预埋吊件 26 个，D 公司预埋吊件 21 个。为减少混凝土试件的个数，每个混凝土试件布置两个预埋吊件，因此此次试验共计 24 个试件，其中边距影响 100mm 的试件 18 个，边距影响为 150mm 的试件 6 个。

本次试验研究成果可以为确定预埋吊件力学性能基本试验方法提供依据，并用于预埋吊件生产及应用中性能检验，为预制吊件从脱模、运输以及到现场安装等问题提供了技术原理，使预埋吊件的使用可行性空间变得更大。一套切实可行的试验方法对于编制该类产品的建筑工业产品标准具有非常重要的现实意义，将产生很好的社会效益，避免无检测标准带来的技术问题，同时也可以很大程度上减少装配式混凝土在施工、构件吊装过程中的安全隐患问题。不管是从建筑专业角度考虑，还是对人身安全的维护问题上都是一个很大的进步 [45-47]。促进企业走向世界，更好的实现预埋吊件标准的国际化，市场的有序化，以满足建筑行业国际化发展的要求，提升其良好的经济效益。与此同时，不但能填补我国相关技术的空白，更能推动装配式混凝土的快速发展，促进我国工业化的发展。

2.2 试件设计与制作

2.2.1 试件设计

1. 试件尺寸

我国现行行业标准《装配式混凝土结构技术规范》[11]JGJ 1—2014 中 9.1.3

规定：当房屋超过 3 层时，预制剪力墙截面厚度不宜小于 140mm。目前我国现有 100m 左右高层建筑居多，并且这些高层的剪力墙厚度绝大部分都是 200mm、300mm。在满足预埋吊件使用的构造要求前提下，同时为了减轻试件自身的重量，基本确定试验中基材的厚度为 200mm、250mm，即边距影响为 100mm、150mm 两种情况。又根据各种预埋吊件的尺寸有所不同，并且尾部配筋的长短亦有不同，同时要考虑到加载装置的尺寸、操作方便等因素，设置同一边距影响的试件尺寸完全相同，现设计两种边距影响的试件尺寸分别为 900mm×500mm×200mm 和 900mm×600mm×250mm，试件设计如图 2-1 所示，试件尺寸见表 2-1。

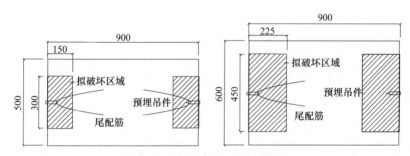

图 2-1　试件尺寸及拟破坏区域
Fig2.1　Specimen sizes and quasi destructive area

试件尺寸　　　　　　　　　　　表 2-1
Specimen size　　　　　　　　　 Tab.2.1

边距影响（mm）	试件尺寸（mm）
100	900×500×200
150	900×600×250

2. 试验材料

关于预埋吊件剪切力学性能的试验主要用到三种材料，包括：混凝土、预埋吊件以及钢筋。本次试验的 24 个试件以及试验加载装置中的混凝土垫块均采用同一强度等级商品混凝土。预埋吊件采用国内和国外两个公司的产品进行试验，以国外 F 公司的预埋吊件产品为主要研究对象，产品信息见表 2-2，吊件如图 2-2（a）～（c）所示；国内 D 公司的预埋吊件产品为辅助研究对象，产品信息见表 2-3，吊件如图 2-3（a）～（b）所示，进行对比分析。试件是按照尽量切合工程实例的前提进行设计的，试件在加载的过程中板底会受到弯矩的作用，因此为了避免底板的受弯破坏，应在板的底部配置上受力钢筋以及分布筋，经过计算受力钢筋以及分布钢筋均采用 ⏦8@200 的钢筋。配筋数量详情见表 2-4，配筋布置如图 2-4 所示。

F 公司产品基本信息　　　　　　　　　　　　　　表 2-2
The product information of F company　　　　Tab.2.2

预埋吊件名称	安全荷载（t）	直径（mm）	长度（mm）
圆锥头端眼锚栓	1.3	10	65
	2.5	14	90
联合锚栓	0.5	12	100
	1.2	16	130
提升管件	0.5	14	61
	2.0	16.5	73

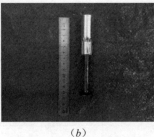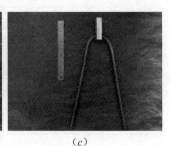

（a）　　　　　　　　　　（b）　　　　　　　　　（c）

图 2-2　F 公司预埋吊件
Fig2.2　The insert of F company
（a）圆锥头端眼锚栓；（b）联合锚栓；（c）提升管件

D 公司产品基本信息　　　　　　　　　　　　　　表 2-3
The product information of D company　　　　Tab.2.3

预埋吊件名称	安全荷载（t）	直径（mm）	长度（mm）
提升管件	0.5	12	70
	0.8	14	70
	1.2	16	75

续表

预埋吊件名称	安全荷载（t）	直径（mm）	长度（mm）
提升管件	1.6	18	80
	2.0	20	100
销钉管件	0.8	16	70
	1.2	20	80

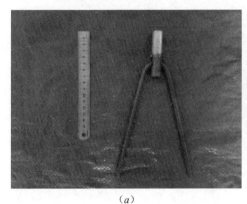 

（a）　　　　　　　　　　　　（b）

图 2-3　D 公司预埋吊件

Fig2.3　The insert of D company

（a）提升管件；（b）销钉管件

试件配筋表　　　　　　　　　　　　　　　表 2-4

Reinforcement schedule of specimen　　　　　　Tab.2.4

试件类别	受力筋	分布筋
边距影响 100mm	3C8@200	5C8@200
边距影响 150mm		

2.2.2　试件制作

　　试件的制作过程完全按照试验方案的试件设计进行，首先按照设计的试件尺寸进行模板的制作，此时要考虑到后期预埋吊件的位置，其次对板底的受力钢筋和分布钢筋进行绑扎，钢筋网片的布置要保证板底的混凝土保护层厚度为 15mm。

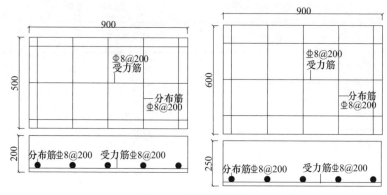

图 2-4　试件配筋图

Fig2.4　Reinforcement diagram of specimen

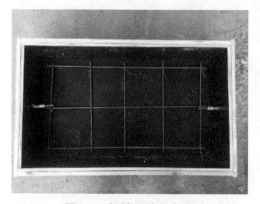

图 2-5　钢筋网片的布置

Fig2.5　The layout of the reinforcement mesh

然后就是关键的预埋吊件位置的确定，进行合理的布置，必须保证预埋吊件的位置在浇筑混凝土成型之前不能变动，以确保 100mm、150mm 两种边距影响的情况在试验过程中尽量达到理想的状态。下一步就是进行混凝土的养护工作，待混凝土终凝阶段完成后，2～3d 后拆除模板，最后在同样的条件下继续进行养护[48]。预埋吊件位置的钢筋网片的布置、预先固定以及试件的浇筑如图 2-5～图 2-7 所示。

图 2-6　预埋吊件位置固定

Fig2.6　Fixed position of the insert

图 2-7　试件的浇筑

Fig2.7　Casting of speciments

2.3　试验加载装置

为了确定本次试验的加载方式，在准确、可行的基础上尽可能使试验装置简单易操作，翻阅大量的国内外相关规范对于试验部分规定的内容，研读了许多国内外学者的相关文献，最后受英国规范《CEN/TR 15728》、欧洲规范《ETAG001》附录 A 以及德国学者 Rolf Eligehausen[49] 相关试验方法的启发，自己设计、研发了一套试验加载装置。

在混凝土浇筑之前，预埋吊件的位置是需要提前固定好的，但是预埋吊件的顶部是不能与混凝土面平齐的，也就是说预埋吊件不能完全埋入到混凝土中，因为后期的脱模、吊装等过程，不管是用万向吊头还是专用吊环，由于其特殊的构造，都是需要预埋吊件露出一定的长度用来固定万向吊头或者吊环的[50]。所以规定圆锥头端眼锚栓露出混凝土表面10mm。本试验为了使加载到预埋吊件上的力是剪切荷载，设计并加工了如图 2-8 所示的加载装置，穿心千斤顶通过刚性连接把荷载传递到下端焊接的钢板，钢板上预留符合各种型号预埋吊件尺寸相应的孔洞，以达到对预埋吊件施加剪切力的效果。其中加载架的细部尺寸为：加载架总高度870mm，下端角钢单肢高度40mm，上端圆钢板厚30mm，下端圆环外径1064mm，内径980mm，上端圆钢板直径300mm，开孔60mm，如图 2-9 所示。加载架的承载力是按照试验室 70t 穿心千斤顶进行设计的，本试验的最大承载力远远小于70t，满足要求，因此加载架不会在试验进行过程中发生破坏。同时，因为固定试件的钢梁截面比较细高，也就是说钢梁和试件上表面接触比较小，所以在钢梁和试件中间加了一块尺寸为 15mm×380mm×380mm 的钢板，这样不仅进一步防止受弯破坏，同时也防止钢梁与混凝土接触面由于应力集中破坏，并且加大与混凝土的接触面积避免了局部受压破坏，刚性垫板如图 2-10 所示。

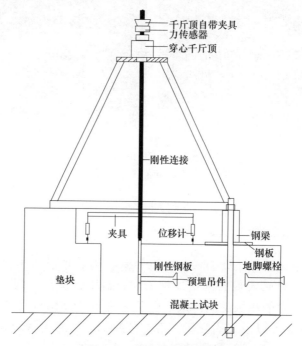

图 2-8　加载装置示意图

Fig2.8　The schematic diagram of loading device

图 2-9　加载架实物图	图 2-10　钢梁下钢板
Fig2.9　The rack diagram of physical loading	**Fig2.10　Steel plate under steel beam**

穿心千斤顶通过一根粗螺纹钢筋，因在此次试验中万用吊头和吊环无法施

加纯剪切荷载，所以钢筋端部焊接上一块钢板，为 Q235 钢材，钢板在中间靠下的部分开设一个孔洞，用作预埋吊件加载，因为各种型号的预埋吊件尺寸不尽相同，在加载过程中钢板和预埋吊件之间绝对不能发生相对位移，因此准备了 6 块钢板，预留孔洞直径针对预埋吊件直径的不同，分为 12mm、14mm、16mm、18mm、20mm、25mm 六种情况，其中带螺栓的预埋吊件在加载前将螺栓拧紧，不带螺栓的采用底部焊接处理，以此来保证加载过程中不产生相对位移而影响试验结果。在加载过程中为了尽可能多的看见早期裂缝的发展，需要将钢板的宽度设置的相对窄一些，所以钢板的尺寸采用 10mm×80mm×250mm，经过计算，不会发生板件端部被剪坏和钢板的受弯破坏；并且经过有效的验算，在加载过程中，不会发生钢板的挤压破坏和板件被拉断的破坏形式；因加载过程中最大的荷载不会超过 50kN，所以预埋吊件本身是不会被剪断的。钢板尺寸、钢板和钢筋的连接如图 2-11 所示。

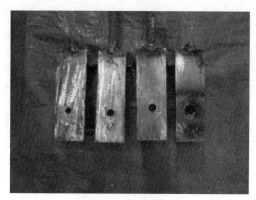

图 2-11　施载钢板
Fig2.11　Steel plate of loading

直接施加给预埋吊件荷载的钢板是通过焊接的方式与上端的刚性连接进行连接的，为了保证在试验加载的过程中，避免施加荷载过大导致焊接的地方被拉断，现针对此焊接处的受力情况进行校核验算。杆件与节点板之间的焊接属于端面角焊缝的受力情况，焊缝中的应力状态具体通过式（2-1）进行计算。

$$\sigma_{\mathrm{f}} = \frac{N}{h_{\mathrm{e}} l_{\mathrm{w}}} \leq \beta_{\mathrm{f}} \cdot f_{\mathrm{f}}^{\mathrm{w}} \qquad (2\text{-}1)$$

其中式（2-1）中的各参数取值为：焊条采用 E43 型焊条，焊接方式采用手工焊，因此 $f_{\mathrm{f}}^{\mathrm{w}}$ 取值 160N/mm2；此焊缝是直接受到穿心千斤顶的动荷载作用，属直接承受动力荷载的结构，β_{f} 取值 1.0；焊缝的焊脚尺寸 h_{f} 为 8mm，则焊缝

的有效厚度 h_e 取值为 5.6mm；此次焊接的方式是采用刚性连接的围焊，则角焊缝的计算长度 l_w 需要用实际焊缝长度减去两倍的焊脚尺寸。最后经过计算得出，此角焊缝能够承受的拉拔极限力大概为 56kN。而经过前期的理论计算，各个预埋吊件的抗剪极限承载力均小于此焊缝的抗拉极限承载力，说明焊缝在试验加载的过程中是不会发生破坏的，在安全范围内。

为了更直观、更清晰的观察试验过程中的破坏现象和破坏区域，能够比较准确地把握裂缝的发展方向和裂缝的长度。在进行试验之前，将所有试件进行刷大白处理，待大白干燥后，将有拟破坏区域的三个表面进行网格的划分，为了保证更加精确，减小误差对试验结果分析的影响，网格选取较小的尺寸 25mm。网格的划分，如图 2-12 所示。

图 2-12　网格的划分
Fig2.12　Grid division

2.4　试验加载制度

该剪切试验在沈阳建筑大学结构试验室进行。为了测量预埋吊件沿荷载方向上的位移，试验加载的过程中使用两个位移计进行吊件位移数据的采集，位移计固定在螺纹钢筋上，触点需要布置在混凝土破坏区域以外，即两侧均需要大于 1.5 倍的边距影响的距离，且为了降低螺纹粗钢筋在受拉状态下的变形影响，位移计应尽量靠下布置。螺纹钢筋利用穿心千斤顶和相配套的夹具进行固定，千斤顶施加的荷载方向须与试件上表面保持垂直，穿心千斤顶通过手动油泵实现平稳连续加载，加载速度保持缓慢匀速，从开始加载至荷载达到最大值，直至试件破坏，穿心千斤顶的力通过传感器实时传送到采集板，利用所采集的数据得出荷载-位移曲线，记录破坏现象。实际加载装置如图 2-13 所示，加载仪器如图 2-14 所示。

图 2-13　加载装置实物图

Fig2.13　The physical diagram of loading device

（a）　　　　　　　　　　　　　　　　　　（b）

（c）　　　　　　　　　　　　　　　　　　（d）

图 2-14　试验加载仪器

Fig2.14　The loading instruments of experiment

（a）手动油泵；（b）30t 液压穿心千斤顶；（c）20t 力传感器；（d）夹具

第3章 预埋吊件剪切试验现象及结果分析

3.1 预埋吊件受剪时的基本工作原理

3.1.1 预埋吊件受剪时三种破坏形态

基于预埋吊件的受力机理与锚栓相似，参考我国规范《混凝土结构后锚固技术规程》以及美国规范《ACI 318》第十七章中锚栓的破坏形态，同时也参考了英国规范《CEN/TR 15728》中预埋吊件在剪切荷载作用下的破坏形态，将预埋吊件在剪力作用下可能发生的破坏形态分为预埋吊件剪切破坏、混凝土剪撬破坏和混凝土楔形体破坏三种情况，如图 3-1（a）～（c）所示。

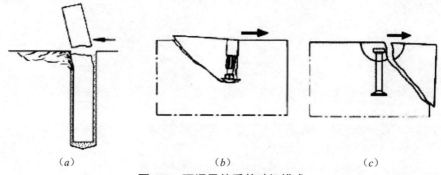

（a）   （b）   （c）

图 3-1 预埋吊件受剪破坏模式

Fig3.1　Inserts failure mode by shear

（a）预埋吊件剪切破坏；（b）混凝土剪撬破坏；（c）混凝土楔形体破坏

1. 预埋吊件剪切破坏（Steel failure）：预埋吊件本身材料的破坏，由钢材的抗剪强度控制，属于延性破坏。当预埋吊件的轴心位置到混凝土边缘的距离影响不用考虑时，通常有可能发生预埋吊件的剪切破坏。

2. 混凝土剪撬破坏（Pry-out failure）：当预埋吊件埋深较小时，通常会发生此类破坏。当预埋吊件受到剪力时，吊件受剪力的反向一侧的基材混凝被吊件撬起，剪力一侧的混凝土会有少量压碎，属于脆性破坏[51]。

3. 混凝土楔形体破坏（Concrete edge failure）：预埋吊件的轴心到混凝土边

缘的距离较小时，混凝土边缘受到剪力时，会形成一个以锚栓轴线为顶点的楔形体破坏形式，这类破坏通常发生在混凝土周围没有钢筋加固的情况下，属于脆性破坏。

3.1.2　预埋吊件受剪承载力影响因素

根据美国规范《ACI 318》第十七章中对现浇锚栓的剪切承载力的规定，同时观察我国规范《后锚固规程》以及欧洲规范《ETAG 001》附录 C 中给出的承载力计算公式，预埋吊件在剪力作用下的极限承载力与多种因素有关，其中就包括混凝土强度、边距、预埋吊件的直径和预埋吊件长度与直径的比值。

1. 混凝土强度

当基材混凝土中没有构造配筋，预埋吊件周围也没有附加钢筋的时候，待预制构件浇筑成型以后，预埋吊件和周围混凝土紧密接触，当剪切荷载作用到预埋吊件上时，荷载通过预埋吊件传递到混凝土上，两者相互作用，共同工作。我国规范《后锚固规程》、美国规范《ACI 318》和欧洲规范《ETAG 001》给出的剪力作用下的极限承载力，均是随混凝土强度平方根增大而增强，其异同点在于我国规范《后锚固规程》和欧洲规范《ETAG 001》公式里的混凝土强度采用的是立方体抗压强度，而美国规范《ACI 318》采用的是圆柱体抗压强度，应注意各个规范之间的换算关系。

2. 边距

预埋吊件轴线到预制构件边缘的距离也是影响预埋吊件剪切承载力的重要因素之一。在边距较大的情况下，作用到预埋吊件上的荷载可以均匀地传递到较大面积的混凝土中，混凝土受力较为均匀；当边距较小时，预埋吊件上的力传递到混凝土中以后，会较快的传递到混凝土试件的边缘区域，导致局部区域应力较其他地方大，因此容易发生混凝土受拉破坏。

3. 预埋吊件的直径

预埋吊件的直径越大，其与混凝土的接触面积也越大，混凝土对预埋吊件的包裹能力就会较强一些。从国内外规范中可以看出，预埋吊件的抗剪承载力和预埋吊件的直径没有直接关系，而是与直径的平方根成正比，即预埋吊件的直径越大，其抗剪承载力越大。

4. 预埋吊件长度与直径的比值

当预埋吊件的直径一定时，预埋吊件的长度越长，其抗剪承载力越大。当预埋吊件的长度较长，埋置深度越深时，荷载经过预埋吊件就会传到混凝土更深处的区域，使一部分应力及时的分散到更多的区域；当预埋吊件较短，埋置深度越浅时，预埋吊件和混凝土之间的接触相对较小，作用到预埋吊件上的力不能将大部分应力较快的转移到混凝土中，主要作用在距离混凝土表面近的区域，导致较早的出现破坏，承载力降低。

3.2 试验破坏现象

预埋吊件在剪切荷载作用下，可能发生三种破坏形态：预埋吊件剪切破坏、混凝土剪撬破坏和混凝土楔形体破坏。其中预埋吊件剪切破坏和混凝土剪撬破坏，可以通过计算、选择材料和构造措施等方面进行避免。但混凝土楔形体破坏较为复杂，再加上预制构件的形式和尺寸多种多样，不能直观的分析出受力原理和破坏机理，因此本书将以混凝土楔形体破坏为重点研究方向，进行试验研究，观察破坏现象，探究其变化规律。由于本试验中涉及的试件数量较多，对于试验破坏现象的描述就不一一赘述，将其分类进行描述。

3.2.1 边距为 100mm 试验破坏现象

1. F 圆锥头端眼锚栓试验破坏现象

如图 3-2 所示，在边距影响为 100mm 情况下，F 公司的两种不同荷载等级

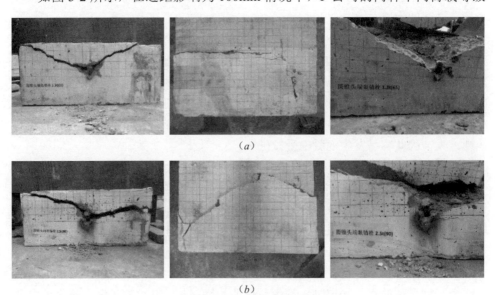

(a)

(b)

图 3-2　F 圆锥头端眼锚栓破坏现象

Fig3.2　The failure phenomenon of F spherical head eye insert

（a）直径 10mm；　（b）直径 14mm

的圆锥头端眼锚栓的试验破坏现象，受拉名义承载力为 1.3t、2.5t，端头直径分别为 18mm、25mm，中间主要受力部分的直径为 10mm、14mm。因为此预埋吊件没有外置螺栓，要想将钢板上的力传给端眼锚栓，达到剪切的目的，必须将钢板预留孔洞处和端眼锚栓外露部分焊接，防止加载过程中钢板脱落隐患的发生。在端眼锚栓加载的初期，混凝土表面没有产生任何现象，但是采集的数据显示，位移的增长十分明显，在裂缝出现之前就达到约 10mm 的位移，这个现象说明端眼锚栓已经严重变形。此时继续加载，直至混凝土从预埋吊件两端开始出现细微裂缝；继续加载，裂缝扩展迅速，混凝土发生边缘破坏，停止加载。

　　由图 3-2 中的试验破坏现象可以看出，圆锥头端眼锚栓均发生了严重的受弯破坏，说明该种预埋吊件并不适用于纯剪力或者较大剪力分力的吊装过程。由于试验一直加载到混凝土破坏，观察楔形体破坏面的角度，两种预埋吊件混凝土裂缝发生破坏的角度大约为 32° 和 36°，与理想的混凝土边缘破坏 35° 非常接近。

　　2. F 联合锚栓试验破坏现象

　　如图 3-3 所示，在边距影响为 100mm 情况下，F 公司同种型号不同尺寸的两种联合锚栓预埋吊件的试验破坏现象。在加载的前期阶段，预埋吊件周围的混凝土并没有任何变化，位移随着荷载的增大有微小的增加，始终观察联合锚栓周围的变化，持续匀速的加载，一些细小的裂缝慢慢从预埋吊件的两侧开始出现，随着荷载的不断变大，裂缝慢慢向远处发展，宽度也在缓慢增大，直到最后达到极限承载力，发生混凝土边缘破坏。观察两种不同尺寸预埋吊件发生破坏裂缝的角度，经过测量、计算得到直径为 12mm 的裂缝角度大约为 30°，直径为 16mm 的裂缝角度大约为 33°，两种情况均略小于理想破坏模型的 35°。

 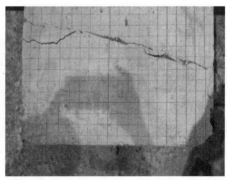

（a）

图 3-3　F 联合锚栓破坏现象（一）

Fig3.3　The failure phenomenon of F combi insert(1)

（a）直径 12mm

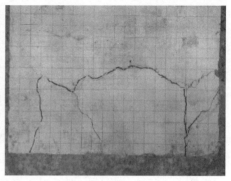

（b）

图 3-3　F 联合锚栓破坏现象（二）

Fig3.3　The failure phenomenon of F combi insert(2)

（b）直径 16mm

3. F 提升管件试验破坏现象

（a）

（b）

图 3-4　F 提升管件破坏现象

Fig3.4　The failure phenomenon of F plain insert

（a）直径 16mm；　（b）直径 20mm

如图 3-4 所示，在边距影响为 100mm 情况下，F 公司两种不同直径的提升管件的试验破坏现象。在加载的初期，预埋吊件两侧混凝土表面没有任何变化；荷载缓慢匀速继续加载，在提升管件处两侧钢板未遮盖住的地方会发现细微的裂缝；继续加载，混凝土裂缝继续发展，直至混凝土发生楔形体破坏，停止加载。观察裂缝发展的方向，计算裂缝与剪力垂直边缘的夹角，得到预埋吊件发生混凝土楔形体破坏时直径为 16mm 的角度大约为 32°，直径为 20mm 的角度大约为 32°，与理想状态下楔形体破坏的角度 35° 相比略小。

4. D 提升管件试验破坏现象

如图 3-5 所示，在边距影响为 100mm 情况下，D 公司提升管件的试验破坏现象，此次试验中该种预埋吊件有五种尺寸形式，直径分别为 12mm、14mm、16mm、18mm、20mm。五种不同尺寸的 D 提升管件的试验现象是非常相似的，具体表现为：加载前期预埋吊件周围的混凝土表面没有任何现象；继续平稳加载，细微的裂

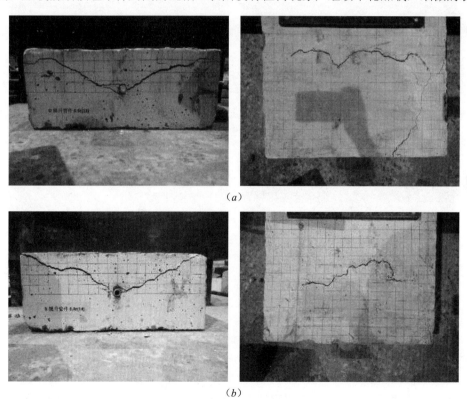

(a)

(b)

图 3-5　D 提升管件破坏现象（一）

Fig3.5　The failure phenomenon of D plain insert(1)

（a）直径 12mm；　（b）直径 14mm

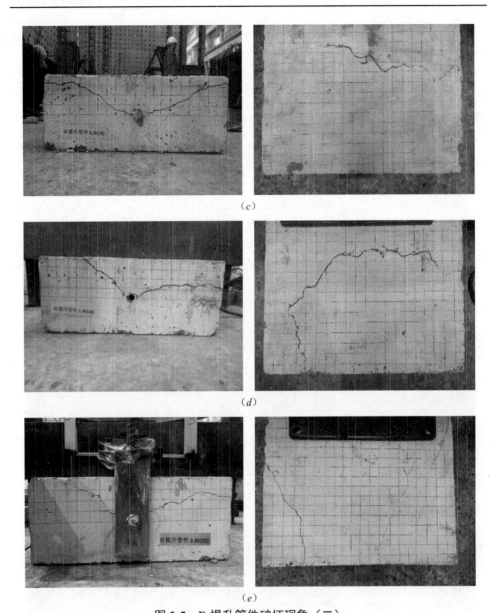

图 3-5　D 提升管件破坏现象（二）

Fig3.5　The failure phenomenon of D plain insert(2)

（c）直径 16mm；（d）直径 18mm；（e）直径 20mm

缝从提升管件两侧开始出现；一直持续加载到极限承载力，裂缝发展很明显，试件上表面也出现裂缝，试验宣告结束。观察裂缝的发展方向，并计算裂缝与构件水平边缘的夹角，得到直径 12mm 的角度大约为 30°，直径 14mm 的角度大约为

34°，直径 16mm 的角度大约为 34°，直径 18mm 的角度大约为 36°，直径 20mm 的角度大约 32°，可以发现直径为 18mm 的预埋吊件出现的裂缝的角度略大于理想状态下的楔形体破坏角度 35°，其余四种情况均略小于 35°，但是都非常接近。

5. D 销钉管件试验破坏现象

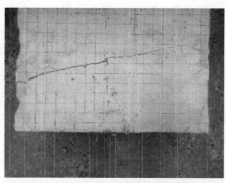

（a）

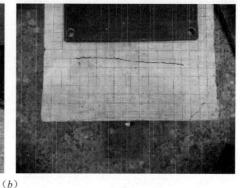

（b）

图 3-6　D 销钉管件破坏现象

Fig3.6　The failure phenomenon of D solid rod insert with cross pin

（a）直径 16mm；（b）直径 20mm

如图 3-6 所示，在边距影响为 100mm 情况下，D 公司销钉管件在剪力作用下发生混凝土边缘破坏的试验现象。本次试验涉及两种尺寸的销钉管件，直径分别为 16mm 和 20mm。这两种尺寸的销钉管件在实际加载中，破坏的过程是相近的，表现如下：加载初期，位移随着荷载的增加而缓慢增加，销钉管件周围的混凝土没有裂纹出现；继续加载，销钉管件两侧的混凝土开始出现斜向上方的细微裂纹；直至加载到极限承载力，混凝土出现楔形体破坏形式，加载结束。观测斜裂缝发展的方向，计算其与水平边缘的夹角，得出结论，直径 16mm 的角度大约为 34°，直径 20mm 的角度大约为 36°，两种情况都非常接近于理想状态下混凝土边缘破坏 35°的角度。

3.2.2　边距为 150mm 试验破坏现象

1. F 联合锚栓试验破坏现象

如图 3-7 所示，在边距影响为 150mm 情况下，F 公司联合锚栓的试验破坏现象，该种预埋吊件的尺寸规格与 3.2.1 节中的 F 联合锚栓是完全相同的，有直径 12mm、16mm 两种尺寸。试验加载直至破坏的过程可简要概括为：整个试验过程，加载速率不变，匀速缓慢；加载初期阶段，预埋吊件的周围混凝土没有任何变化；继续加载，联合锚栓两侧的混凝土开始出现细微裂缝，加载至极限荷载，裂缝迅速扩展，混凝土出现楔形体破坏，停止加载。观察裂缝发展趋势，测量并计算裂缝走向与水平边缘的夹角，直径 12mm 的角度大约为 33°，直径 16mm 的角度大约为 34°，比理想状态下混凝土边缘破坏的角度 35°略小，但是非常接近。

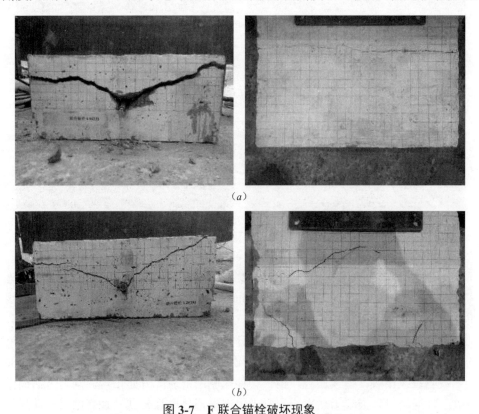

(a)

(b)

图 3-7　F 联合锚栓破坏现象

Fig3.7　The failure phenomenon of F combi insert

（a）直径 12mm；　（b）直径 16mm

2. F 提升管件试验破坏现象

如图 3-8 所示，在边距影响为 150mm 情况下，F 公司提升管件的试验破坏现象，其尺寸规格与第 3.2.1 节中的 F 提升管件是完全一致的，分为 16mm、20mm 两种直径。具体破坏过程可描述为：加载初期，提升管件周围混凝土没有发生任何变化；加载到一定程度，沿着预埋吊件的两侧开始出现微小裂缝；继续加载，荷载和位移持续上升，直至混凝土发生边缘破坏。测量并计算裂缝的角度，直径 16mm 的角度大约为 36°，直径 20mm 的角度大约为 35°，与理想状态下混凝土发生楔形体破坏的 35° 角度几乎一致。

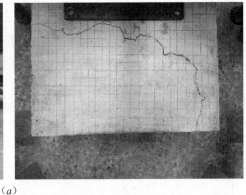

（a）

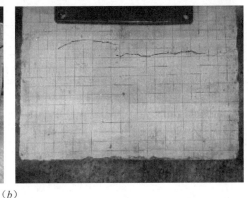

（b）

图 3-8　F 提升管件破坏现象

Fig3.8　The failure phenomenon of F plain insert

（a）直径 16mm；　（b）直径 20mm

将试验过程中所有型号预埋吊件楔形体破坏的角度汇总，详见表 3-1。

混凝土楔形体破坏角度
The angle of concrete wedge failure

表 3-1
Tab.3.1

边距影响（mm）	预埋吊件名称	预埋深度（mm）	吊件直径（mm）	破坏形式	破坏角度
100	F 圆锥头端眼锚栓	55（1.3t）	10	楔形体破坏、吊件受弯破坏	32°
		80（2.5t）	14	楔形体破坏、吊件受弯破坏	36°
	F 联合锚栓	100（0.5t）	12	楔形体破坏	32°
		130（1.2t）	16	楔形体破坏	32°
	F 提升管件	61（1.2t）	20（16）	楔形体破坏	30°
		73（2.0t）	24（20）	楔形体破坏	33°
	D 提升管件	70（0.5t）	18（12）	楔形体破坏	30°
		70（0.8t）	20（14）	楔形体破坏	34°
		75（1.2t）	25（16）	楔形体破坏	34°
		80（1.6t）	28（18）	楔形体破坏	36°
		100（2.0t）	28（20）	楔形体破坏	32°
	D 销钉管件	70（1.2t）	22（16）	楔形体破坏	34°
		80（2.0t）	24（20）	楔形体破坏	36°
150	F 联合锚栓	100（0.5t）	12	楔形体破坏	36°
	F 联合锚栓	130（1.2t）	16	楔形体破坏	35°
150	F 提升管件	61（1.2t）	20（16）	楔形体破坏	33°
		73（2.0t）	24（20）	楔形体破坏	34°

注：预埋深度一列括号中的内容是产品说明书中给出的抗拉名义荷载值；吊件直径一列中，括号里的数字代表该类预埋吊件的内径，没有标注的说明没有内外径之分。

为了更直观的比较各个预埋吊件在剪力作用下发生楔形体破坏的角度，将表3-1数据用柱状图呈现出来。由于边距的不同，预埋吊件的尺寸规格不同，上述表格中一共有17种情况，为保证柱状图的清晰程度，现将17种情况编号1～17，依次对应不同的情况，如图 3-9 所示。

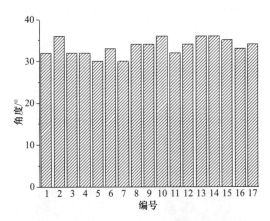

图 3-9   不同边距混凝土边缘破坏角度对比

Fig3.9   Comparison of concrete edge damage failure of same edge distance

由图 3-9 柱状图可以看出，不同边距影响、不同型号、不同尺寸的预埋吊件的破坏模式几乎都是一致的，混凝土发生楔形体破坏的角度，虽然不完全一样，但是都十分接近理想状态下的 35°，说明本书中论述的剪切试验方法是可行的。

本书中关于预埋吊件剪切力学性能试验研究涉及国内外两家不同公司的产品，分别为国外 F 公司的产品和国内 D 公司的产品，两家公司的预埋吊件有相似产品，直径和抗拉名义荷载值是相同的，其中国内 D 公司只研究边距影响为 100mm 的情况，因此对比的前提条件是边距影响为 100mm。试验研究对比分析其试验结果，详见表 3-2。

同一边距相似预埋吊件楔形体破坏角度对比   表 3-2

Comparison of wedge failure angle of similar inserts of same edge distance Tab.3.2

边距影响 （mm）	预埋吊件 直径（mm）	抗拉名义 荷载值（t）	预埋吊件 名称	预埋深度 （mm）	理想破坏 角度	楔形体破坏 角度
100	16	1.2	F 提升管件	61	35°	32°
			D 提升管件	75		34°
	20	2.0	F 提升管件	73		32°
			D 提升管件	100		32°

33

为了更加直观的比较出相似预埋吊件楔形体破坏角度之间的大小关系，现将表 3-2 中的数据展示在柱状图中，如图 3-10 所示（柱状图顶端的数字为预埋吊件的埋置深度）。

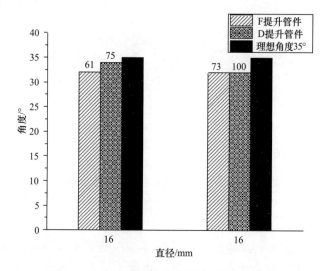

图 3-10　相同边距混凝土边缘破坏角度对比
Fig3.10　Comparison of concrete edge damage failure of same edge distance

由图 3-10 中的数据可以看出四种预埋吊件的楔形体破坏角度均略小于理想状态下混凝土边缘破坏角度 35°，其中 D 提升管件直径 20mm 的最为接近理想状态，说明相似预埋吊件的破坏形式也是相似的，且楔形体破坏的角度与预埋吊件的直径、长度等自身的物理特性都无关。

国外 F 公司的预埋吊件产品，在本次试验中进行了 100mm、150mm 两种不同边距影响的试验研究，包括提升管件和联合锚栓，为了更好地观察混凝土发生楔形体破坏的角度之间的关系，现将试验结果进行对比，对比结果详见表 3-3。

不同边距同种预埋吊件楔形体破坏角度对比　　　　表 3-3
Comparison of wedge failure angle of same kind inserts of different edge distance　Tab.3.3

预埋吊件名称	预埋吊件直径（mm）	预埋深度（mm）	边距影响（mm）	理想破坏角度	楔形体破坏角度
F 提升管件	16	61	100	35°	32°
			150		36°

续表

预埋吊件名称	预埋吊件直径（mm）	预埋深度（mm）	边距影响（mm）	理想破坏角度	楔形体破坏角度
F 提升管件	20	73	100		32°
			150		35°
F 联合锚栓	12	100	100	35°	30°
			150		33°
	16	130	100		33°
			150		34°

为了更加直观的比较出不同边距影响下同一种预埋吊件的楔形体破坏角度的大小关系，并与理想状态下的混凝土边缘破坏角度进行比较，现将表 3-3 中的数据进行整理，具体呈现在图 3-11 中（柱状图顶端的数字代表预埋吊件的直径）。

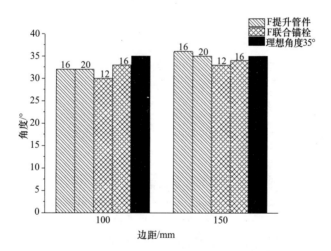

图 3-11　不同边距混凝土边缘破坏角度对比

Fig3.11　Comparison of concrete edge damage failure of different edge distance

由图 3-11 柱状图的试验结果对比数据可以很明显地看出，同一种预埋吊件在不同边距影响下的楔形体破坏的角度都和理论角度 35° 很接近，表明楔形体破坏的角度和边距的大小无关。

3.3 荷载–位移曲线分析

3.3.1 边距影响 100mm

荷载–位移曲线主要反映了预埋吊件在受剪力作用的时候位移变化的情况，同时直观地显示了极限承载力以及相对应的位移，下面将分类进行阐述。

如图 3-12 所示，在边距影响 100mm 的情况下，F 圆锥头端眼锚栓的荷载–位移曲线，由曲线的走向可以看出，两种直径的预埋吊件在加载初期都处于弹性阶段，随着荷载的增加，位移曲线基本呈直线段。但是荷载加载到一定数值后，位移增长的速率明显高于荷载，小直径的位移增长尤其明显，此时预埋吊件周围的混凝土并没有出现任何变化，说明预埋吊件本身已经出现了严重的变形，直到加载到混凝土破坏阶段，两个不同直径的圆锥头端眼锚栓的极限承载力位移均已超过 20mm，结果显示预埋吊件本身出现受弯破坏导致位移迅速增加。表明该类预埋吊件并不适合纯剪力或者剪力分力数值较大的实际工程中。从曲线中还可以看出，直径为 14mm 的吊件的刚度要稍高于直径为 10mm 的吊件。

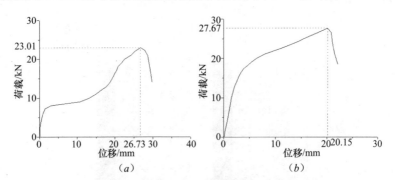

（a）   （b）

图 3-12   F 圆锥头端眼锚栓荷载–位移曲线
Fig3.12   Load-displacement curve of F spherical head eye insert
（a）直径 10mm；（b）直径 14mm

如图 3-13 ～图 3-16 所示，图中展示了 F 公司和 D 公司的不同形式、不同尺寸共计 11 种预埋吊件在边距为 100mm 的影响下，剪力作用下的荷载–位移曲线。试验过程中各种形式的预埋吊件的荷载–位移曲线的发展规律有相似之处，具体描述为：加载初期阶段，由于荷载较小，预埋吊件产生的位移也比较小，曲线的形状基本上是直线，荷载位移呈线性变化，表现为刚度较大，此阶段混凝土和预埋吊件均处于弹性工作阶段，表现为弹性阶段；当荷载超过一定数值时，位移的变化速率加快，荷载和位移之间不再维持线性关系;荷载继续变大，直到达到极限荷载，位移继续增大，而荷载逐渐变小，此时混凝土表面已有很大的裂缝出现，呈楔形体破坏形状。

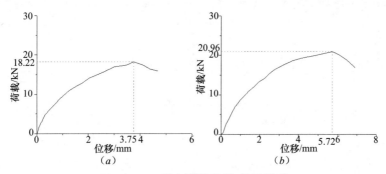

图 3-13　F 联合锚栓荷载-位移曲线

Fig3.13　Load-displacement curve of F combi insert

（*a*）直径 12mm；　（*b*）直径 16mm

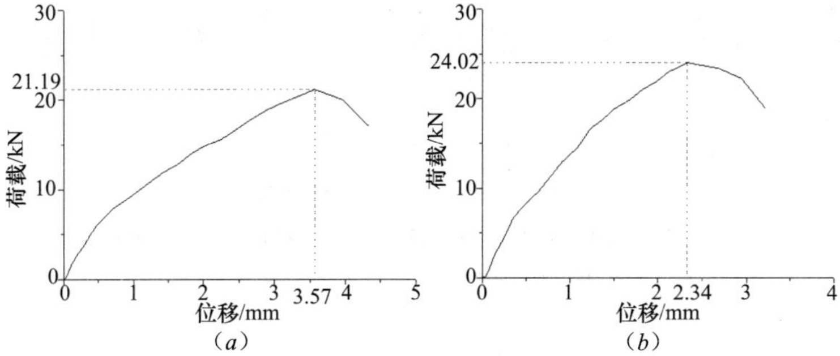

图 3-14　F 提升管件荷载-位移曲线

Fig3.14　Load-displacement curve of F plain insert

（*a*）16mm；　（*b*）20mm

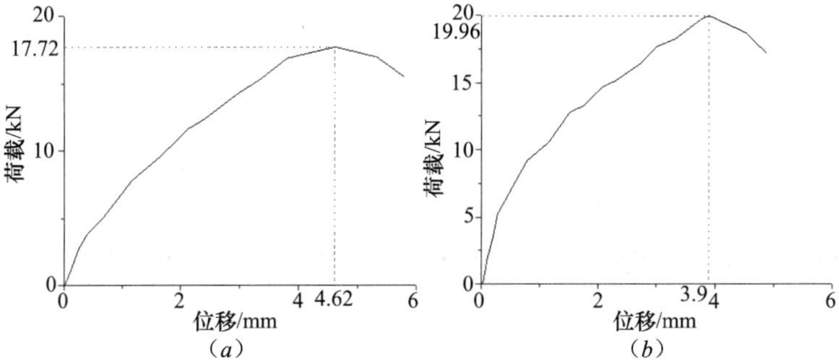

图 3-15　D 提升管件荷载-位移曲线（一）

Fig3.15　Load-displacement curve of D plain insert(1)

（*a*）直径 12mm；　（*b*）直径 14mm；

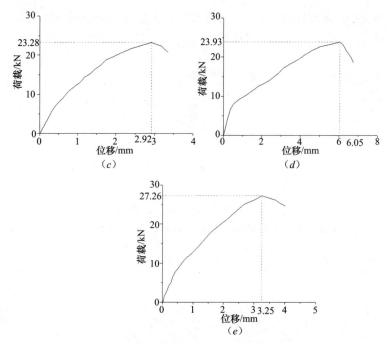

图 3-15　D 提升管件荷载–位移曲线（二）

Fig3.15　Load-displacement curve of D plain insert(2)

（*c*）直径 16mm；（*d*）直径 18mm；（*e*）直径 20mm

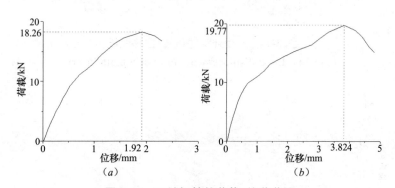

图 3-16　D 销钉管件荷载–位移曲线

Fig3.16　Load-displacement curve of D solid rod insert with cross pin

（*a*）16mm；（*b*）20mm

3.3.2　边距影响 150mm

如图 3-17～图 3-18 所示，为 F 公司两种不同形式、不同尺寸共计 4 种预埋吊件在边距影响为 150mm 的剪力作用下的荷载-位移曲线，这 4 种预埋吊件虽形式尺寸不一致，但是曲线的走向基本一致，表现为：加载初期荷载较小，位移几乎没有增长，曲线呈直线段，荷载与位移之间呈线性变化，曲线的刚度较大，混凝土和预埋吊件都处于弹性工作阶段，此阶段表现为弹性阶段；随着荷载的增长，位移的变化速率加快，荷载与位移不再保持线性关系，曲线刚度逐渐降低；荷载继续增长，达到极限承载力，荷载呈下降趋势，位移继续增加，此时混凝土已出现明显的楔形体破坏。

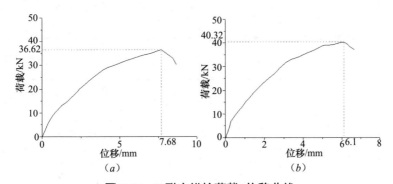

图 3-17　F 联合锚栓荷载-位移曲线

Fig3.17　Load-displacement curve of F combi insert

（a）12mm；（b）16mm

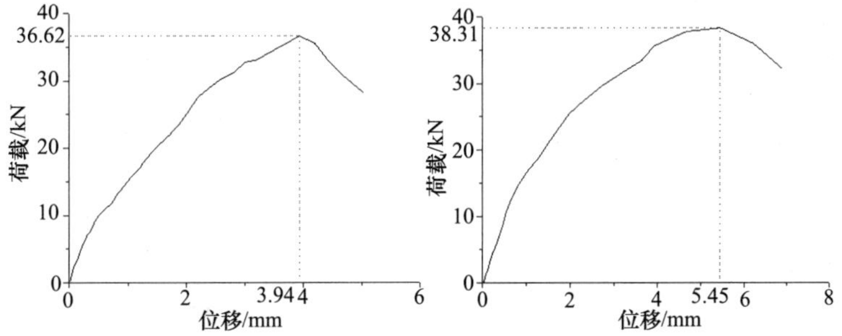

图 3-18　F 提升管件荷载-位移曲线

Fig3.18　Load-displacement curve of F plain insert

（a）16mm；（b）20mm

同一种边距影响下的同一尺寸的预埋吊件的试验个数为 3，这三个预埋吊件在试验过程中的抗剪极限承载力的大小是略有差异的，因此下面给出不同类型预埋吊件在不同边距影响下的试验极限承载力以及极限承载力平均值，详见表 3-4。

试验剪切极限承载力　　　　　　　　　　　表 3-4
Ultimate bearing capacity by shear of test　　　　**Tab.3.4**

边距影响（mm）	预埋吊件名称	预埋深度（mm）	吊件直径（mm）	极限承载力（kN）	试验极限承载力平均值 V_{ea}（kN）
100	F 圆锥头端眼锚栓	55（1.3t）	10	23.01	23.01
		80（2.5t）	14	27.67	27.67
	F 联合锚栓	100（0.5t）	12	18.49、20.27、15.89	18.22
		130（1.2t）	16	20.27、25.07、17.53	20.96
	F 提升管件	61（1.2t）	20（16）	23.7、19.86、20.0	21.19
		73（2.0t）	24（20）	21.92、27.95、22.19	24.02
	D 提升管件	70（0.5t）	18（12）	19.04、15.48、18.63	17.72
		70（0.8t）	20（14）	17.81、20.96、21.1	19.96
		75（1.2t）	25（16）	23.42、23.01、23.42	23.28
		80（1.6t）	28（18）	24.25、23.15、24.38	23.93
100	D 提升管件	100（2.0t）	28（20）	28.63、25.89、27.26	27.26
	D 销钉管件	70（1.2t）	22（16）	19.18、16.16、19.45	18.26
		80（2.0t）	24（20）	20.41、17.95、20.96	19.77
150	F 联合锚栓	100（0.5t）	12	36.03、37.67、36.16	36.62
		130（1.2t）	16	38.49、41.0、41.51	40.33

续表

边距影响 （mm）	预埋吊件名称	预埋深度 （mm）	吊件直径 （mm）	极限承载力 （kN）	试验极限承载力 平均值 V_{ea}（kN）
150	F 提升管件	61（1.2t）	20（16）	35.21、35.62、 39.04	36.62
		73（2.0t）	24（20）	39.59、39.59、 35.75	38.31

注：预埋深度一列括号中的内容是产品说明书中给出的抗拉名义荷载值；吊件直径一列中，括号里边的数字代表该类预埋吊件的内径，没有标注的说明没有内外径之分。

从表 3-4 中的数据可以看出，同一种预埋吊件的抗剪承载力因直径的不同而有所异同，具体表现为：其直径越大，吊件的抗剪极限承载力越大。同种预埋吊件的抗剪承载力与边距也有关系，边距越大，其剪力作用下的极限承载力也越大。

在抗拉极限承载力的影响因素中，预埋吊件的预埋深度是对承载力最重要的影响因素，那么预埋吊件在受剪状态下的极限承载力与埋置深度有关系吗？现将形式相同并且直径相同、但埋深有所不同的预埋吊件的抗剪极限承载力进行比较，详见表 3-5。

直径相同有效埋深不同承载力比较　　　　　　　　表 3-5
Bearing capacity comparison the same diameter and the different effective depth　Tab.3.5

边距影响（mm）	吊件直径（mm）	吊件名称	有效埋深（mm）	极限承载力（kN）
100	16	F 提升管件	61	21.19
		D 提升管件	75	23.28
	20	F 提升管件	73	24.02
		D 提升管件	100	27.26

为了更加直观的观测预埋吊件在混凝土中的埋置深度对抗剪承载力影响的变化趋势，将表 3-5 中的抗剪极限承载力数据展现到柱状图中，如图 3-19 所示（柱状图顶端的数字表示预埋吊件在混凝土中的有效预埋深度）。

由图 3-19 中的极限承载力的数值变化趋势可以明显地看出，在边距影响不变，并且形式相同以及直径相同的情况下，预埋吊件埋入混凝土中的有效深度越大，预埋吊件发生混凝土楔形体破坏的抗剪极限承载力越大。

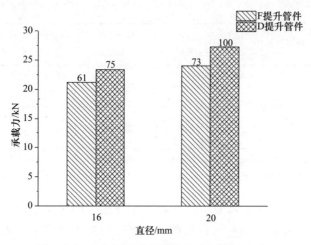

图 3-19　直径相同有效埋深不同承载力比较

Fig3.19　Bearing capacity comparison the same diameter and the different effective depth

3.4　本章小结

本章主要内容是对预埋吊件在剪切荷载作用下试验现象的描述以及试验结果的分析，简单介绍了预埋吊件在剪力作用下的基本工作原理，以及三种可能出现的破坏形态：剪切破坏、剪撬破坏、楔形体破坏。其中剪切破坏和剪撬破坏可以通过构造措施以及设计阶段避免，楔形体破坏最为复杂，其承载力影响因素有很多，因此本书将其作为重点研究对象。

本次试验研究中，针对国外 F 公司和国内 D 公司两个不同厂家的产品进行试验研究，试验共包括 24 个试件，47 个预埋吊件。试验结果表明：不同厂家的不同形式、不同尺寸、不同预埋深度以及不同边距影响的预埋吊件均发生混凝土楔形体破坏，楔形体破坏的角度在 30°～ 36°之间，与理想状态下的 35°十分接近，说明此次剪切加载试验方案可行；其中 F 公司的圆锥头端眼锚栓本身也发生了严重的受弯破坏，说明该种吊件以及类似形式的吊件不适用于纯剪切或者剪力分力数值较大的实际工程中。

荷载-位移曲线反映了荷载与位移之间的变化关系，其共性在于加载初期为弹性阶段，曲线表现为直线段，后期位移的变化速率高于荷载变化速率，直到最终破坏，荷载下降，位移继续增加。根据试验承载力可以看出，预埋吊件的抗剪承载力与自身的直径、边距和预埋到混凝土中的深度均有关系：边距影响一定的情况下，预埋吊件直径越大，抗剪承载力越高；同一种型号、尺寸相同的预埋吊件，边距影响距离越大，其抗剪极限承载力越高；边距影响距离不变的前提下，形式相同、直径也相同的预埋吊件，预埋到混凝土中有效深度越大，抗剪极限承载力也越高。

第4章 预埋吊件剪切承载力理论分析

拥有足够的安全储备是预埋吊件合理应用的重要条件，因此在预埋吊件的材料、型号选取之前应该有足够的理论计算作为技术方面的支持，以保证预埋吊件从脱模、起吊、翻转、运输、吊装到安装到位的整体过程中的安全使用。本章将进行预埋吊件剪切承载力的理论分析，并将理论分析得出的规范计算值，与试验过程中得到的预埋吊件在受剪力状态下的极限承载力进行比较，观察二者之间的关系以及总体的变化趋势，最终得出安全系数的建议取值。

预埋吊件发源于欧美国家，兴起于欧美，经过多年的理论研究和实践经验的积累，国外已经形成了一套比较成熟的理论体系和可靠的应用方法。我国并不是预埋吊件生产和应用的先驱者，国内的相关规范标准仍然处于空白状态。受国际大环境的影响，同时响应国家对于装配式结构的号召，国内已经逐渐有厂家生产预埋吊件，但是由于我国的相关技术和规定还处于萌芽阶段，国内厂家生产预埋吊件的技术手段都是参考国外的相关规定，包括预埋吊件材料的选择、名义承载力的取值、尺寸的设定、安全系数的取值以及后期验收的标准等。但是这里存在一个不可忽略的问题，每个国家对于安全度和各类参数取值的规定是有异同的，欧美等发达国家的规范关于预埋吊件的规定，能否直接应用到我国的实际工程中是不能断然下结论的。因此，对于预埋吊件的理论研究及分析，并与试验极限承载力进行对比，为填补我国关于预埋吊件的相关标准规范的空白做了一个良好的开端。

本章针对国内外现有的相关规范展开相关研究讨论，主要包括我国规范《混凝土结构后锚固技术规程》、英国规范《CEN/TR 15728》以及美国规范《ACI 318》，并将规范理论值与试验极限承载力平均值进行对比分析。需要注意的是，因为圆锥头端眼锚栓在实际加载过程中虽然也出现了混凝土的楔形体破坏的形态，但预埋吊件本身出现了很严重的受弯破坏，因此不作为对比分析的主要对象，只是拿来做参考。

4.1 国内相关计算方法分析

目前，国内暂且没有预埋吊件承载力的计算方法的规定，但后锚固技术中的锚栓的受力机理和预埋吊件有相似之处。到目前为止我国关于锚栓的研究已经有了大量的经验，并且得出了许多建设性的成果和结论，相关技术比较成熟。基于预埋吊件的受力情况和锚栓有相同之处，在预埋吊件的研究初期，参考我国已有的锚栓相关规范《混凝土结构后锚固技术规程》JGJ 145—2013，对预埋吊件的后期研究有积极的推动作用。

《后锚固规程》中关于有边距影响下，混凝土发生楔形体破坏的抗剪承载力标准值 $V_{Rk,c}$ 按式（4-1）进行计算。

$$V_{Rk,c} = V_{Rk,c}^0 \frac{A_{c,V}}{A_{c,V}^0} \psi_{s,V} \psi_{h,V} \psi_{\alpha,V} \psi_{re,V} \psi_{ec,V} \tag{4-1}$$

式中　$V_{Rk,c}$——混凝土边缘破坏受剪承载力标准值（N）；

$V_{Rk,c}^0$——单个预埋吊件垂直构件边缘受剪时，混凝土理想状态下边缘破坏受剪承载力标准值（N），按式（4-2）计算；

$A_{c,V}^0$——单个预埋吊件受剪，在无平行剪力方向的边界影响、构件厚度或相邻预埋吊件影响时，混凝土理想边缘破坏在侧向的投影面积（mm^2），如图 4-1 所示；

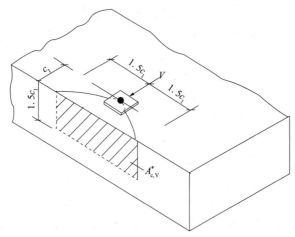

图 4-1　混凝土理想边缘破坏投影面积示意图

Fig4.1　The projected area schematic diagram of ideal of concrete edge destruction

$A_{c,V}$——单个预埋吊件受剪时，混凝土实际边缘破坏在侧向的投影面积（mm^2），如图 4-2 所示；

$\psi_{s,V}$——边距 c_2 / c_1 对受剪承载力的影响系数（c_1 为吊件轴心到剪力垂直边缘距离，c_2 为吊件轴心到剪力平行边缘距离），按式（4-3）计算；

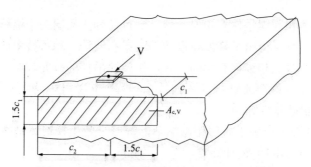

图 4-2　混凝土实际边缘破坏投影面积示意图

Fig4.2　The projected area schematic diagram of real of concrete edge destruction

$\psi_{h,V}$——边距与厚度的比值 c_1/h 对受剪承载力的影响系数，按式（4-4）计算；

$\psi_{a,V}$——剪力角度对受剪承载力的影响系数，按式（4-5）计算；

$\psi_{ec,V}$——荷载偏心 e_V 对群锚受剪承载力的影响系数，按式（4-6）计算；

$\psi_{re,V}$——锚固区配筋对受剪承载力的影响系数，本书中取 1.0。

混凝土理想边缘破坏承载力标准值 $V_{Rk,c}^0$ 按式（4-2）计算。

$$V_{Rk,c}^0 = 1.35 d^\alpha h_{ef}^\beta \sqrt{f_{cu,k}} c_1^{1.5} \tag{4-2}$$

α——系数，按式（4-2-1）计算；

$$\alpha = 0.1(l_f/c_1)^{0.5} \tag{4-2-1}$$

β——系数，按式（4-2-2）计算；

$$\beta = 0.1(d_{nom}/c_1)^{0.2} \tag{4-2-2}$$

d_{nom}——预埋吊件的外径（mm）；

$f_{cu,k}$——混凝土立方体抗压强度标准值（N/mm²）。当其不小于 45N/mm² 且不大于 60N/mm² 时，应乘以降低系数 0.95；

h_{ef}——预埋吊件的预埋深度（mm）；

c_1——预埋吊件与混凝土基材边缘的距离（mm）；

l_f——剪切荷载作用下预埋吊件的有效长度（mm），l_f 取为 h_{ef}。

当 $\psi_{s,V}$ 的计算值大于 1.0 时，应取 1.0。

$$\psi_{s,V} = 0.7 + 0.3\frac{c_2}{1.5c_1} \tag{4-3}$$

当 $\psi_{h,V}$ 的计算值小于 1.0 时，应取 1.0。

$$\psi_{h,V} = \left(\frac{1.5c_1}{h}\right)^{0.5} \tag{4-4}$$

α_{V} 是剪力与垂直于构件自由边方向轴线之间的夹角。

$$\psi_{\alpha,\mathrm{V}}=\sqrt{\dfrac{1}{(\cos\alpha_{\mathrm{V}})^2+(\dfrac{\sin\alpha_{\mathrm{V}}}{2.5})^2}} \tag{4-5}$$

$\psi_{\mathrm{ec,V}}$ 的计算值大于 1.0 时，应取 1.0。

$$\psi_{\mathrm{ec,V}}=\dfrac{1}{1+2e_{\mathrm{V}}/(3c_1)} \tag{4-6}$$

公式中的立方体抗压强度采用实测抗压强度，在试件制作的时候，同时制作了标准试块，尺寸为 150mm×150mm×150mm，在量程为 0～2000kN 的压力机上测量该批混凝土试块的抗压强度，试验加载过程如图 4-3 所示，测得混凝土立方体抗压强度试验结果见表 4-1。

图 4-3　压力机加载立方体标准试块
Fig4.3　Loading the cube standard test block on the press machine

试块抗压强度实测值表				表 4-1
The real measured value of compressive strength of the test block				Tab.4.1
试块编号	试块尺寸（mm）	实测压力（kN）	实测抗压强度（MPa）	平均值（MPa）
1		337.41	15.00	
2	150×150×150	327.74	14.56	14.8
3		333.87	14.84	

选用式（4-1）计算预埋吊件在剪力作用下，混凝土发生楔形体破坏的极限承载力的规范理论值，详见表 4-2。

《后锚固规程》规范理论值　　　　　　　　　　　　　　　　表 4-2

The standard theoretical value of《Specification for post-installed》　　　Tab.4.2

边距影响（mm）	预埋吊件名称	预埋深度（mm）	吊件直径（mm）	混凝土抗压强度实测值（MPa）	规范理论承载力（kN）
100	F 圆锥头端眼锚栓	55（1.3t）	10	14.8	7.93
		80（2.5t）	14	14.8	8.84
	F 联合锚栓	100（0.5t）	12	14.8	9.00
		130（1.2t）	16	14.8	9.98
	F 提升管件	61（1.2t）	20（16）	14.8	8.69
		73（2.0t）	24（20）	14.8	9.26
	D 提升管件	70（0.5t）	18（12）	14.8	8.64
		70（0.8t）	20（14）	14.8	8.81
		75（1.2t）	25（16）	14.8	9.16
		80（1.6t）	28（18）	14.8	9.45
		100（2.0t）	28（20）	14.8	10.01
	D 销钉管件	70（1.2t）	22（16）	14.8	8.96
		80（2.0t）	24（20）	14.8	9.44
150	F 联合锚栓	100（0.5t）	12	14.8	15.43
		130（1.2t）	16	14.8	16.86
	F 提升管件	61（1.2t）	20（16）	14.8	14.99
		73（2.0t）	24（20）	14.8	15.83

注：预埋深度一列括号中的内容是产品说明书中给出的抗拉名义荷载值；吊件直径一列中，括号里边的数字代表该类预埋吊件的内径，没有标注的说明没有内外径之分。

从表 4-2 可以看出，不同型号的预埋吊件的规范理论承载力不尽相同，为了分析出试验加载过程中的极限承载力和规范理论值之间的关系，将试验过程中测得的剪切极限承载力与《后锚固规程》的规范中楔形体破坏承载力计算公式计算的理论值进行比较，分析两者之间的关系，如表 4-3 所示。

数值的比较   表 4-3
The comparative of numerical   Tab.4.3

边距影响 （mm）	预埋吊件名称	吊件直径 （mm）	《后锚固规程》 规范理论值 $V^0_{Rk,c}$（kN）	试验极限 承载力平均值 V_{ea}（kN）	$V_{ea}/V^0_{Rk,c}$ 比值
100	F 圆锥头端眼锚栓	10	7.93	23.01	2.9
		14	8.84	27.67	3.1
	F 联合锚栓	12	9.00	18.22	2.0
		16	9.98	20.96	2.1
	F 提升管件	20（16）	8.69	21.19	2.4
		24（20）	9.26	24.02	2.6
	D 提升管件	18（12）	8.64	17.72	2.1
		20（14）	8.81	19.96	2.3
		25（16）	9.16	23.28	2.5
		28（18）	9.45	23.93	2.5
		28（20）	10.01	27.26	2.7
	D 销钉管件	22（16）	8.96	18.26	2.0
		24（20）	9.44	19.77	2.1
150	F 联合锚栓	12	15.43	36.62	2.4
		16	16.86	40.33	2.4
	F 提升管件	20（16）	14.99	36.62	2.4
		24（20）	15.83	38.31	2.4

注：预埋深度一列括号中的内容是产品说明书中给出的抗拉名义荷载值；吊件直径一列中，括号里边的数字代表该类预埋吊件的内径，没有标注的说明没有内外径之分。

从表 4-3 中可以看出，本书第 2 章提出的剪切加载方案是可行的，分别测出了不同型号、不同尺寸预埋吊件的剪力作用下的极限承载力。通过对比分析总结出规律，除圆锥头端眼锚栓外，预埋吊件的是试验极限承载力《后锚固规程》计算公式中的理论承载力的 2.0 ～ 2.7 倍不等。

为了能够更加直观地看出试验承载力平均值和我国规范《后锚固规程》得出的理论承载力之间的关系，现将不同直径、不同边距影响、不同预埋深度的承载力理论值和试验平均值在坐标轴上展示出来。由于变量较多，因此按不同边距影响将数据置于两个图中；同时直径也是一个很重要的变量，但由于本次试验中涉及的预埋吊件的直径尺寸太多，因此在其中三个不同的阶段分别取一个作为理论值的代表，具体表现在图 4-4 和图 4-5 中。

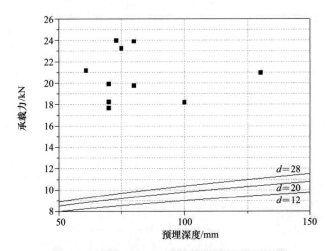

图 4-4　边距 100mm 试验值和理论值对比图

Fig4.4　Comparison chart of test value and theoretical value of edge distance 100mm

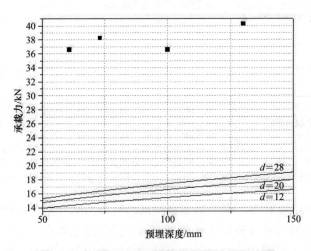

图 4-5　边距 150mm 试验值和理论值对比图

Fig4.5　Comparison chart of test value and theoretical value of edge distance 150mm

从图 4-4 和图 4-5 中明显可以看出，我国规范《后锚固规程》计算的理论值和试验平均承载力之间有较大的差距，并且两者之间的关系有较大的离散性。这对于把控设计阶段的预埋吊件的承载力的计算是过于保守的，不能较为充分的利用预埋吊件，会造成材料的浪费。

4.2 国外相关计算方法分析

关于预埋吊件如何合理、规范的在实际工程中应用，国外已经有相应的技术规范和标准作为安全的保障。其中，美国规范《ACI 318》第十七章是关于锚栓的设计和使用方法的规定，虽然是关于锚栓的规定，但是承载力计算公式区分了后锚固和现浇的两种情况，其中现浇的情况更加接近预埋吊件的受力机理；英国规范《CEN/TR 15728》是针对预埋吊件设计和使用的专有规范，并详细的规定了抗剪承载力的计算公式；作为机械和工业方面的专家，德国也推出了关于预埋吊件的规范《VDI/BV-BS 6205》，但是该规范中只给出了预埋吊件合理使用的方法和建议，并没有给出预埋吊件抗剪承载力的计算表达式。接下来就美国规范《ACI 318》第十七章和英国规范《CEN/TR 15728》中的规定展开研究分析。

4.2.1 美国规范计算方法

由于美国的规范对于各个参数的取值和单位的规定与我国不一样，因此需要将美国规范中各个参数的取值和单位进行换算，以符合我国规范的使用习惯和标准。

对于单个预埋吊件受剪时，通常混凝土破坏强度应该按式（4-7）计算。

$$V_{cb} = \frac{A_{Vc}}{A_{Vco}} \psi_{ed,V} \psi_{c,V} \psi_{h,V} V_b \tag{4-7}$$

式中 A_{Vc}——预制混凝土构件上单个预埋吊件的混凝土破坏面积（mm²），用于计算剪切强度，其计算方法与《后锚固规程》中一样，具体见图 4-1；

       A_{Vco}——在没有角度、间距、构件厚度的影响下，预制混凝土构件上单个预埋吊件破坏面积（mm²），其计算方法与《后锚固规程》中一样，具体见图 4-2；

       $\psi_{ed,V}$——接近预制混凝土构件边缘预埋吊件的抗剪强度的修正系数，按式（4-8）取值（c_{a1}：预埋吊件轴心到剪力垂直的混凝土边缘的距离；c_{a2}：预埋吊件轴心到剪力平行的混凝土边缘的距离）；

$$\begin{cases} \psi_{ed,V}=1.0 & c_{a2}>1.5c_{a1} \\ \psi_{ed,V}=0.7+0.3\dfrac{c_{a2}}{1.5c_{a1}} & c_{a2}>1.5c_{a1} \end{cases} \qquad (4\text{-}8)$$

$\psi_{c,V}$——混凝土中是否存在裂缝和附加钢筋的情况下，用于修正预埋吊件的抗剪强度的系数（本书中取值 1.0）；

$\psi_{h,V}$——板厚小于 $1.5c_{a1}$ 时，混凝土构件中预埋吊件的抗剪强度的修正系数，按式（4-9）取值，且不能小于 1.0。

$$\psi_{h,V}=\sqrt{\dfrac{1.5c_{a1}}{h_a}} \qquad (4\text{-}9)$$

V_b——对于现浇形式的锚栓的基本破坏强度（MPa），按式（4-10）计算。

$$V_b=0.7(\dfrac{l_e}{d_a})^{0.2}\sqrt{d_a}\sqrt{f_c'}c_{a1}^{1.5} \qquad (4\text{-}10)$$

式中 l_e——预埋吊件的受剪区域的长度（mm），这里取值为预埋吊件的有效埋置深度；

$\quad\ d_a$——预埋吊件的直径（mm）；

$\quad\ f_c'$——混凝土立方体抗压强度标准值（MPa）；

$\quad\ c_{a1}$——预埋轴线到剪力垂直的混凝土边缘的距离（mm）。

选用式 4-1 计算预埋吊件在剪力作用下，混凝土发生楔形体破坏的极限承载力的规范理论值，详见表 4-4。

《ACI 318》第十七章规范理论值   表 4-4

The standard theoretical value of《ACI 318》Annex D   Tab.4.4

边距影响（mm）	预埋吊件名称	预埋深度（mm）	吊件直径（mm）	混凝土抗压强度实测值（MPa）	规范理论承载力（kN）
100	F 圆锥头端眼锚栓	55（1.3t）	10	14.8	11.98
		80（2.5t）	14	14.8	14.28
	F 联合锚栓	100（0.5t）	12	14.8	14.26
		130（1.2t）	16	14.8	16.38
	F 提升管件	61（1.2t）	20（16）	14.8	15.05
		73（2.0t）	24（20）	14.8	16.48
	D 提升管件	70（0.5t）	18（12）	14.8	14.99

续表

边距影响 （mm）	预埋吊件名称	预埋深度 （mm）	吊件直径 （mm）	混凝土抗压强度 实测值（MPa）	规范理论 承载力（kN）
100	D 提升管件	70（0.8t）	20（14）	14.8	15.47
		75（1.2t）	25（16）	14.8	16.77
		80（1.6t）	28（18）	14.8	17.58
		100（2.0t）	28（20）	14.8	18.38
	D 销钉管件	70（1.2t）	22（16）	14.8	15.92
		80（2.0t）	24（20）	14.8	16.78
150	F 联合锚栓	100（0.5t）	12	14.8	26.19
		130（1.2t）	16	14.8	30.09
	F 提升管件	61（1.2t）	20（16）	14.8	27.65
		73（2.0t）	24（20）	14.8	30.28

注：预埋深度一列括号中的内容是产品说明书中给出的抗拉名义荷载值；吊件直径一列中，括
号里边的数字代表该类预埋吊件的内径，没有标注的说明没有内外径之分。

经过美国规范《ACI 318》第十七章中剪力作用下混凝土破坏极限承载力计
算公式得出的结果在表 4-4 的右侧罗列出来，然后将此计算值与试验极限承载力
的平均值进行对比，如表 4-5 所示。

数值的比较

The comparative of numerical

表 4-5

Tab.4.5

边距影响 （mm）	预埋吊件名称	吊件直径 （mm）	《ACI 318》规范 理论值（kN）	试验极限承载力 平均值（kN）	V_{ca}/V_b 比值
100	F 圆锥头端眼锚栓	10	11.98	23.01	1.9
		14	14.28	27.67	1.9
	F 联合锚栓	12	14.26	18.22	1.3
		16	16.38	20.96	1.3

边距影响 （mm）	预埋吊件名称	吊件直径 （mm）	《ACI 318》规范 理论值（kN）	试验极限承载力 平均值（kN）	V_{ea}/V_b 比值
100	F 提升管件	20（16）	15.05	21.19	1.4
		24（20）	16.48	24.02	1.5
	D 提升管件	18（12）	14.99	17.72	1.2
		20（14）	15.47	19.96	1.3
	D 提升管件	25（16）	16.77	23.28	1.4
		28（18）	17.58	23.93	1.4
		28（20）	18.38	27.26	1.5
	D 销钉管件	22（16）	15.92	18.26	1.1
		24（20）	16.78	19.77	1.2
150	F 联合锚栓	12	26.19	36.62	1.4
		16	30.09	40.33	1.3
	F 提升管件	20（16）	27.65	36.62	1.3
		24（20）	30.28	38.31	1.3

注: 预埋深度一列括号中的内容是产品说明书中给出的抗拉名义荷载值; 吊件直径一列中, 括号里边的数字代表该类预埋吊件的内径, 没有标注的说明没有内外径之分。

由表 4-5 中对比数据可以看出, 试验剪切极限承载力的平均值均要大于美国规范《ACI 318》第十七章中理论计算值。除了圆锥头端眼锚栓出现受弯破坏, 不作为参考对象外, 不同边距影响情况下不同类型预埋吊件的试验平均值是规范理论值的 1.1 ~ 1.5 倍不等。

现将试验承载力平均值和美国规范《ACI 318》的理论值的数据在坐标轴中展现出来, 以便更直观的观测两者之间的关系。同理, 由于变量较多, 以边距影响为分界线将数据在两个图中展示出来, 如图 4-6 和图 4-7 所示。

由图 4-6 和图 4-7 中可以看出, 试验承载力平均值和美国规范之间的差距明显小于和我国《后锚固规程》之间的关系, 并且两者之间的比例关系趋于平稳化。表明运用美国规范计算得出的理论承载力在保证安全的情况下，能够比较充分的利用材料，一定程度上减少浪费。

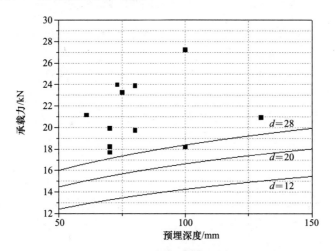

图 4-6 边距 100mm 试验值和理论值对比图

Fig4.6 **Comparison chart of test value and theoretical value of edge distance 100mm**

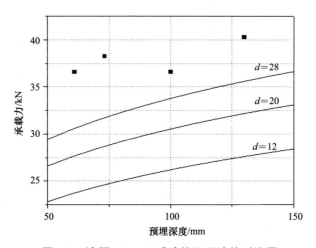

图 4-7 边距 150mm 试验值和理论值对比图

Fig4.7 **Comparison chart of test value and theoretical value of edge distance 150mm**

4.2.2 英国规范计算方法

英国规范 2016 版《CEN/TR 15728》对剪切荷载作用下，混凝土发生边缘破坏的极限承载力的计算方式做出了规定，值得注意的是英国规范的参数单位全部都是国际单位，与我国参数的单位是一致的，具体按式（4-11）计算。

$$V_{\mathrm{Rk,c}}=V_{\mathrm{Rk,c}}^{0}\frac{A_{\mathrm{c,V}}}{A_{\mathrm{c,V}}^{0}}\psi_{\mathrm{s,V}}\psi_{\mathrm{h,V}}\psi_{\mathrm{ec,V}}\psi_{\alpha,\mathrm{V}}\psi_{\mathrm{re,V}} \tag{4-11}$$

式中　$A_{\mathrm{c,V}}$——单个预埋吊件受剪时混凝土实际破坏区域的投影面积（mm^2），按图 4-2 进行计算；

　　　$A_{\mathrm{c,V}}^{0}$——单个预埋吊件受剪时理想混凝土破坏区域的投影面积（mm^2），按图 4-1 进行计算；

　　　$\psi_{\mathrm{s,V}}$——较远边距对应力分布的影响系数，两个平行剪力作用方向的边距影响，较小边距应该按式（4-12）取值；

$$\psi_{\mathrm{s,V}}=0.7+0.3\frac{a_2}{1.5a_1}\leqslant1.0 \tag{4-12}$$

　　　$\psi_{\mathrm{h,V}}$——结构构件的厚度对抗剪承载力的影响系数，按式（4-13）取值，其中 h 为构件厚度；

$$\psi_{\mathrm{h,V}}=\left(\frac{1.5a_1}{h}\right)^{0.5}\geqslant1.0 \tag{4-13}$$

　　　$\psi_{\mathrm{ec,V}}$——偏心荷载对于群埋预埋吊件中单个预埋吊件的影响系数，按式（4-14）取值；

$$\psi_{\mathrm{ec,V}}=\frac{1}{1+2e_{\mathrm{V}}/(3a_1)} \tag{4-14}$$

　　　$\psi_{\alpha,\mathrm{V}}$——荷载方向影响系数，按式（4-15）取值，α_{V} 是作用在预埋吊件上的剪力与垂直混凝土边缘轴线之间的夹角；

$$\psi_{\alpha,\mathrm{V}}=\sqrt{\frac{1}{(\cos\alpha_{\mathrm{V}})^2+(0.4\sin\alpha_{\mathrm{V}})^2}}\geqslant1.0 \tag{4-15}$$

　　　$\psi_{\mathrm{re,V}}$——预埋吊件所在混凝土有无裂缝和加固钢筋的影响系数，本书中该系数取值 1.0；

　　　$V_{\mathrm{Rk,c}}^{0}$——理想状态下，单个预埋吊件发生混凝土边缘破坏的抗剪承载力标准值，按式（4-16）进行计算。

$$V_{\mathrm{Rk,c}}^{0}=k_{\mathrm{V}}\varphi^{\alpha}l_{\mathrm{f}}^{\beta}\sqrt{f_{\mathrm{c,cube}}}\,a_1^{1.5} \tag{4-16}$$

式中　k_{V}——系数，建议取值 2.3；

　　　φ——预埋吊件的公称直径（mm）；

　　　l_{f}——长度（mm），取有效埋置深度 h_{ef} 和 8φ 的较小值；

　　　α——一般系数，按式（4-16-1）取值；

$$\alpha = 0.1 \left(\frac{l_f}{a_1} \right)^{0.5} \tag{4-16-1}$$

β——一般系数，按式（4-16-2）取值；

$$\beta = 0.1 \left(\frac{\varphi}{a_1} \right)^{0.2} \tag{4-16-2}$$

$f_{c,cube}$——混凝土立方体抗压强度（N/mm^2）；

a_1——预埋吊件的轴心到剪力垂直边缘的距离（mm）；

a_2——预埋吊件的轴心到剪力平行边缘的距离（mm）。

利用式（4-11）进行计算预埋吊件在小边距影响下，发生混凝土边缘破坏的极限承载力，如图表 4-6 所示。

《CEN/TR 15728》规范理论值　　　　　　　　　　　　表 4-6

The standard theoretical value of《CEN/TR 15728》　　Tab.4.6

边距影响 （mm）	预埋吊件名称	预埋深度 （mm）	吊件直径 （mm）	混凝土抗压 强度实测值 （MPa）	规范理论 承载力（kN）
100	F 圆锥头端眼锚栓	55（1.3t）	10	14.8	13.52
		80（2.5t）	14	14.8	15.06
	F 联合锚栓	100（0.5t）	12	14.8	15.33
		130（1.2t）	16	14.8	17.01
	F 提升管件	61（1.2t）	20（16）	14.8	15.06
		73（2.0t）	24（20）	14.8	16.03
	D 提升管件	70（0.5t）	18（12）	14.8	15.23
		70（0.8t）	20（14）	14.8	15.47
		75（1.2t）	25（16）	14.8	16.22
		80（1.6t）	28（18）	14.8	16.74
		100（2.0t）	28（20）	14.8	17.64
	D 销钉管件	70（1.2t）	22（16）	14.8	15.68
		80（2.0t）	24（20）	14.8	16.34

续表

边距影响 （mm）	预埋吊件名称	预埋深度 （mm）	吊件直径 （mm）	混凝土抗压 强度实测值 （MPa）	规范理论 承载力（kN）
150	F 联合锚栓	100（0.5t）	12	14.8	26.29
		130（1.2t）	16	14.8	28.72
	F 提升管件	61（1.2t）	20（16）	14.8	25.90
		73（2.0t）	24（20）	14.8	27.32

注：预埋深度一列括号中的内容是产品说明书中给出的抗拉名义荷载值；吊件直径一列中，括号里边的数字代表该类预埋吊件的内径，没有标注的说明没有内外径之分。

将英国规范《CEN/TR 15728》计算的规范理论承载力与试验平均值进行对比，对比结果详见表 4-7。

数值的比较　　　　　　　　　　　　　　　　表 4-7
The comparative of numerical　　　　　　　　Tab.4.7

边距影响 （mm）	预埋吊件名称	吊件直径 （mm）	《CEN/TR 15728》规范理论值 $V^0_{Rk,c}$（kN）	试验极限承载力平均值 V_{ea}（kN）	$V_{ea}/V^0_{Rk,c}$ 比值
100	F 圆锥头端眼锚栓	10	13.52	23.01	1.7
		14	15.06	27.67	1.8
	F 联合锚栓	12	15.33	18.22	1.2
		16	17.01	20.96	1.2
	F 提升管件	20（16）	15.06	21.19	1.4
		24（20）	16.03	24.02	1.5
	D 提升管件	18（12）	15.23	17.72	1.2
		20（14）	15.47	19.96	1.3
		25（16）	16.22	23.28	1.4
		28（18）	16.74	23.93	1.4
		28（20）	17.64	27.26	1.5

续表

边距影响（mm）	预埋吊件名称	吊件直径（mm）	《CEN/TR 15728》规范理论值 $V^0_{Rk,c}$（kN）	试验极限承载力平均值 V_{ea}（kN）	$V_{ea}/V^0_{Rk,c}$ 比值
100	D 销钉管件	22（16）	15.68	18.26	1.2
		24（20）	16.34	19.77	1.2
150	F 联合锚栓	12	26.29	36.62	1.4
		16	28.72	40.33	1.4
	F 提升管件	20（16）	25.90	36.62	1.4
		24（20）	27.32	38.31	1.4

　　注：预埋深度一列括号中的内容是产品说明书中给出的抗拉名义荷载值；吊件直径一列中，括号里边的数字代表该类预埋吊件的内径，没有标注的说明没有内外径之分。

　　通过观察表 4-7 中的数据可以发现，试验测得的极限承载力的平均值要比英国规范《CEN/TR 15728》抗剪承载力计算公式得出的理论值大很多。除圆锥头端眼锚栓出现受弯破坏不作为对比对象外，其他形式的预埋吊件试验平均值是英国规范理论值的 1.2 ～ 1.5 倍不等。

　　为了直观的观测试验平均值和英国规范《CEN/TR 15728》之间的比例关系，将二者的数据展现在坐标系中，形成图线。同理，由于变量较多，将以上数据按照不同的边距影响展示在两个图中，如图 4-8 和图 4-9 所示。

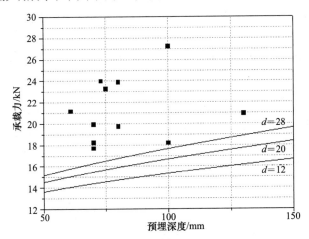

图 4-8　边距 100mm 试验值和理论值对比图

Fig4.8　Comparison chart of test value and theoretical value of edge distance 100mm

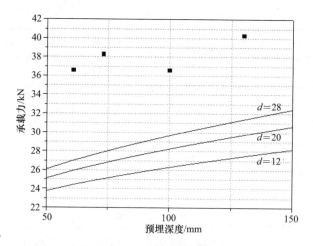

图 4-9   边距 150mm 试验值和理论值对比图

Fig4.9   Comparison chart of test value and theoretical value of edge distance 150mm

由图 4-8 和图 4-9 中可以看出，试验承载力平均值和英国规范之间的差距和与美国规范之间的差距比较接近，并且明显小于和我国《后锚固规程》之间的差距，同时两者之间的比例关系相对于与美国比例系数更加趋于平稳化，更加合理。表明运用英国规范计算得出的理论承载力在保证安全的情况下，更能够充分的利用材料，很大程度上减少浪费。

4.3   对于理论承载力计算的建议

每个国家对于工程上的安全问题的把控是有所差异的，因此对于安全系数的取值是有所差异的，每个国家提出的安全系数的取值都是针对自己国家的实际情况，并不一定适用于其他国家和地区。因此，对于我国而言，国外规范对于安全系数的定义我们不能直接拿来应用，也不一定符合我国的要求，但是可以作为参考。对于实际工程而言，安全因素是最应该重视的问题，一个没有安全保障作为前提的工程应该明令禁止施工的，因此只要涉及安全问题的工程操作，都应该预留出足够的安全储备。针对以上问题，为了给出符合我国实际工程问题的安全系数的取值范围的建议，使预埋吊件的使用完全控制在有理论基础的安全范围内，现给出我国以及世界各个国家相关规范中安全系数的取值，进行对比分析，详细信息见表 4-8。

不同国家对于全局安全系数 γ 应用的规定　　表 4-8
Global safety factors γ used in different National provisions　　Tab.4.8

验证信息		《后锚固规程》（中国）	CEN/TR 15728（英国）	VDI/BV-BS 6205（德国）	Conc.Elem. Book,C5（挪威）	PCI（美国）	机械指令（欧盟）
预埋吊件	结构钢材		3.0[b]	3[f]	3.04[b]		4[c]
	加强钢筋		2.8[b]		2.80[b]		
	预应力钢绞线		2.8[b]		2.80[b]		
	钢丝绳		2.8[b] 4.3[ce]	4[f]	2.80[b] 4.30[ce]	4[c]	5[c]
混凝土	混凝土破坏	2.5	3.0	2.5 或 2.1[d]	3.04	4	
	锚固加强		2.3[b]		2.33[b]	4[c]	

注：[a] 机械指令 2006/42/EC 包括了动力系数的规定。德国规范假定这个系数取值为 1.3。

[b] 验证 f_{yk}，$f_{0.1k}$，或者 $f_{0.2k}$（屈服强度），$F_{P0.1}$（极限位移为 0.1 状态下的力）。

[c] 通过计算验证 f_{tk}（抗拉强度），F_{min}（抗拉承载力）。

[d] 如果在工厂详细并连续检查的状态下将预埋吊件埋到预制构件中，γ 取值 2.1。

[e] $2.8 \times k = 2.8 \times 1.54 = 4.3$。

[f] 通过计算验证 f_{tk}（抗拉强度），或通过试验验证 R_k（预埋吊件承载力标准值）。

4.4　本章小结

本章通过对国内外相关规范的梳理，对不同形式、不同尺寸的预埋吊件在不同边距影响下的抗剪承载力进行对比分析，并将试验得到的抗剪极限承载力的平均值与规范理论值进行比较，得到以下主要结论。

经过我国规范《后锚固规程》、美国规范《ACI 318》第十七章以及英国规范《CEN/TR 15728》这三种规范分别对试验中所有情况的预埋吊件进行理论验证，然后对结果进行一定的理论分析，发现三种规范理论值存在明显的差异，具体表现为：美国规范《ACI318》第十七章的计算理论值与英国规范《CEN/TR 15728》的计算理论值比较接近，我国规范《后锚固规程》的计算理论值比较小。但是这三种规范计算得到的理论值均要比试验平均值小，其中试验抗剪极限承载力的平均值分别是我国规范《后锚固规程》理论值的 2.0 ～ 2.7 倍，美国规范《ACI 318》第十七章理论值的 1.1 ～ 1.5 倍，英国规范《CEN/TR 15728》理论值的 1.2 ～ 1.5 倍。试验承载力平均值与理论值之间的比值，英国规范《CEN /TR 15728》表现得最为平稳，体现了运用该公式计算规范理论值是合理的，应作为主要理论依据。

第 5 章　结论与展望

5.1　结论

　　预埋吊件是一种新型的产品，相对于传统的吊钩具有很多的优点。本书首先介绍了预埋吊件的工作原理、承载力影响因素和国内外相关计算方法，并着重阐述了预埋吊件发生混凝土边缘破坏的极限承载力影响因素，将预埋吊件的轴线到混凝土边缘的距离作为研究重点，对预埋吊件在剪切荷载作用下的力学性能进行了深入的研究，并确定了本书所提到的切实可行的试验方法。

　　本书针对不同类型的预埋吊件在 100mm、150mm 两种不同边距影响下共计进行了 47 个预埋吊件 24 个试件的剪切力学性能试验研究，归纳了预埋吊件在剪力作用下的荷载-位移曲线的特性，计算并分析了发生混凝土楔形体破坏的角度，同时重点总结了边距对预埋吊件抗剪力学性能的影响规律。

　　本书得到的主要结论，展示如下：

　　（1）预埋吊件在受到剪切荷载的时候，混凝土边缘较小的情况下会发生楔形体破坏。本次试验中预埋吊件的轴心到剪力垂直边缘的距离分为 100mm 和 150mm 两种情况，均属于小边距影响的情况，并且此次试验中所有进行加载的预埋吊件全部出现了混凝土边缘破坏的形态，破坏的角度在 30°～36°之间不等，与理想状态下的 35°楔形体破坏十分接近，因此说明剪力作用下预埋吊件发生的楔形体的破坏角度和预埋吊件本身物理性能没有关系，和边远距离的大小也没有关系，符合规律，此剪切试验方法可行。

　　（2）同一种型号尺寸的预埋吊件，边距影响不一样的情况下，承载力是不同的。试验结果表明，同一种预埋吊件的抗剪极限承载力与边距的大小呈正相关，即边距越大，预埋吊件的抗剪极限承载力越大。

　　（3）同一边距影响，预埋吊件直径不同，其抗剪承载力也是不同的。本次试验中涉及 F 公司和 D 公司的预埋吊件产品均有此特性。试验结果表明，预埋吊件的直径越大，其抗剪承载力也越大。同一边距影响、直径相同的前提下，预埋吊件的有效埋深越大，其抗剪承载力越大。

　　（4）预埋吊件的理论分析，将试验过程中得到的试验平均承载力与我国规范

《后锚固规程》、美国规范《ACI 318》第十七章以及英国规范《CEN/TR 15728》中的承载力计算公式计算的理论值进行比较，结论是：试验平均承载力均比三个理论计算值大，其中美国规范《ACI 318》与英国规范《CEN/TR 15728》比较接近，我国规范《后锚固规程》结果偏小。试验平均值是《ACI 318》的 1.1 ～ 1.5 倍，是《后锚固规程》的 2.0 ～ 2.7 倍，是《CEN/TR 15728》的 1.2 ～ 1.5 倍。试验承载力平均值与理论值之间的比值，英国规范《CEN /TR 15728》表现得最为平稳，体现了运用该公式计算规范理论值是合理的，应作为主要理论依据。

5.2　展望

目前，我国对于预埋吊件的研究还处于萌芽阶段，相关规范还处于空白状态，相对于欧美国家我们还需要走一段很长的研究道路。因此，要想让我国的预埋吊件国际化、市场化，必须进行大量的研究来保证其在使用过程中的安全性与合理性。本书中所涉及的预埋吊件的研究水平和研究成果还不够深入，况且预埋吊件具有其种类及其承载力影响因素的多样性、受力原理的不确定性及实际工程中应用的复杂性，所以对于预埋吊件在剪力作用下的力学性能做进一步的研究势在必行。为响应国家对于装配式建筑的号召，推广预埋吊件的广泛使用，可对预埋吊件针对以下几个方面进行研究：

（1）本书是针对单个预埋吊件预埋到混凝土中的抗剪力学性能试验研究，但实际工程中对于大型预制构件的吊装，有时候一个吊件的承载力是不满足要求的，需要群埋才能达到吊装的预期效果，因此对于群埋的预埋吊件在剪力作用下的力学性能的研究是很有必要的。

（2）F 公司的预埋吊件产品圆锥头端眼锚栓，在试验加载过程中虽然也出现了混凝土的边缘破坏形态，但是预埋吊件本身也出现了严重的受弯破坏，说明该种预埋吊件以及类似产品并不适用于纯剪力或者剪力分力值较大的实际工程中，因此对于后期的预埋吊件的抗剪性能的研究应避开圆锥头端眼锚栓以及类似产品，而选用其他刚度较大的预埋吊件进行研究。

（3）本次试验研究所有试件的混凝土均采用同一强度等级，针对后期的研究建议将混凝土的强度等级作为一个变量，进行同种预埋吊件在多种强度等级的混凝土的试验研究，归纳并总结不同强度等级混凝土对预埋吊件的抗剪极限承载力的影响趋势。

（4）对于装配式建筑结构来说，应用到预制构件上的预埋吊件从脱模、吊装、运输及安装等过程中，大部分的受力形式都是拉力和剪力耦合状态，本书中仅针对预埋吊件在剪力作用下的力学性能进行研究，后期的研究有必要以预埋吊件在拉剪耦合力的作用下为方向，进行力学分析以及极限承载力研究。

（5）本次试验中的试件只是为了防止混凝土受弯破坏，在试件的底部进行了简单的配筋。对于预埋吊件的周围，并没有进行附加钢筋和构造配筋的配置，建议后期的研究在预埋吊件的周围进行附加钢筋的配置，观察并分析研究附加配筋和构造配筋对于剪切力学性能的影响。

（6）因为混凝土中的裂缝发展并没有什么规律，裂缝的走向是一个非常复杂的问题，本次试验过程中虽然所有的试件均发生混凝土的边缘破坏，但是和国内外相关规范的理论值还有些小差距，建议后期对预埋吊件的剪切力学性能的试验研究中，加大吊件轴心到剪力平行边缘的距离，观察是否能够得到更加接近理想状态下的楔形体破坏形态。

参考文献

[1] 石建光，林树枝. 预制装配式混凝土结构体系的现状和发展展望 [J]. 墙材革新与建筑节能，2014(01): 45-48.

[2] 济南市城乡建设委员会建筑产业化领导小组办公室. 装配整体式混凝土结构工程施工 [M]. 北京：中国建筑工业出版社，2015.

[3] 杨爽. 装配式建筑施工安全评价体系研究 [D]. 沈阳：沈阳建筑大学，2015.

[4] 张弛，李晓林. 浅谈装配式建筑的推广与发展 [J]. 辽宁建材，2011(05): 24-25.

[5] 蒋勤俭. 混凝土预制构件行业发展与定位问题的思考 [J]. 混凝土世界，2011(04): 20-22.

[6] 徐家麒. 预制装配式建筑精细化设计研究 [J]. 吉林建筑大学学报 (社会科学版)，2015, 02: 156-159.

[7] 李宗明，王三智，曹保平. 装配式住宅与住宅工业化 [J]. 山西建筑，2011(04): 10-11.

[8] 李晓明. 装配式混凝土结构关键技术在国外的发展与应用 [J]. 建筑产业，2011(06): 16-18.

[9] 徐雨濛. 我国装配式建筑的可持续性发展研究 [D]. 武汉：武汉工程大学，2015.

[10] 中华人民共和国住房和城乡建设部. GB 50666—2011 混凝土结构工程施工规范. 北京：中国建筑工业出版社，2011.

[11] 中华人民共和国住房和城乡建设部. JGJ 1-2014 装配式混凝土结构技术规程. 北京：中国建筑工业出版社，2014.

[12] 赵勇，王晓锋. 预制混凝土构件吊装方式与施工验算 [J]. 住宅产业，2013, Z1: 60-63.

[13] 刘琼，李向民，许清风. 预制装配式混凝土结构研究与应用现状 [J]. 施工技术，2014(11): 9-14.

[14] 中华人民共和国建设部. JGJ 145-2013 混凝土结构后锚固技术规程. 北京：中国建筑工业出版社，2013.

[15] 谢群，陆洲导. 弯剪受力下化学植筋式群锚连接试验研究 [J]. 建筑结构学报，2006(11): 247-251.

[16] 项凯，陆洲导，李杰. 混凝土结构后锚固群锚的抗剪承载力试验 [J]. 沈阳建筑大学学报 (自然科学版)，2008, (11): 985-988.

[17] 苏磊，李杰，陆洲导. 混凝土结构后锚固群锚系统抗剪承载力分析 [J]. 结构工程师，2009(10): 40-44.

[18] 谢群, 陆洲导. 拉剪受力下后锚固群锚承载力计算 [J]. 工程抗震与加固改造, 2006(06): 106-107, 110.

[19] 苏磊, 李杰, 陆洲导. 受剪状态下化学锚栓群锚系统承载力 [J]. 哈尔滨工业大学学报, 2010, 04: 612-616.

[20] 刘辉. 抗剪锚栓受剪性能分析及直剪型锚栓钢板加固梁试验研究 [D]. 重庆大学硕士学位论文, 2012.

[21] 艾文超, 童根树, 张磊, 干钢, 沈金. 钢柱脚锚栓连接受剪性能试验研究 [J]. 建筑结构学报, 2012(03): 80-88.

[22] 郑巧灵. 锚栓受剪性能试验研究 [D]. 重庆 : 重庆大学, 2013.

[23] 张弦. 锚栓抗剪性能试验研究 [D]. 重庆 : 重庆大学, 2015.

[24] 孙圳. 预埋吊件的拉拔力学性能试验研究 [D]. 沈阳 : 沈阳建筑大学, 2015.

[25] 刘伟. 边距对扩底类预埋吊件承载力影响有限元分析 [D]. 沈阳 : 沈阳建筑大学, 2016.

[26] ETAG001-Annex A: Guideline for European Technical Approval Of Metal Anchors for Use in Concrete, 1997.

[27] ETAG001-Annex C: Guidelinefor European Technical Approval Of Metal Anchors for Use in Concrete, 1997.

[28] ETAG001-Part5: Guideline for European Technical Approval Of Metal Anchors for Use in Concrete, 2008.

[29] ACI 318: Building Code Requirements for Structure Concrete and Commentary. American Concrete Institute, Michigan, 2008.

[30] ACI 355. 2-04: Qualification of Post-Installed Mechanical Anchors in Concrete, 2008.

[31] AC308: Acceptance Criteria for Post-Installed Adhesive Anchors in Concrete Elements, 2009.

[32] AC193: Acceptance Criteria for Mechanical Anchors in Concrete Elements, 2010.

[33] Tamon Ueda, Boonchai Stitmannaithum. Experimental Investigation on Shear Strength of Bolt Anchorage Group[J]. ACI Structural Journal, 1991, 5-6: 292-300.

[34] M. A. Alqedra, A. F. Ashour. Prediction of shear of single anchors located near a concrete edge using neural networks[J]. Computers and Structures83, 2005, 2495-2502.

[35] Rolf Eligehausen, Rainer Mallee, John F Silva. Anchorage in Concrete Construction[M]. Berlin: Emst & Sohn, 2006.

[36] Rolf Eligehausen, W Uchs. Load Bearing of Anchor Fastenings under Shear, Combined Tension and Shear or Flexural Loading. Betonwerk Ferteil-Technik, 1988(02): 48-56.

[37] Matthew S. Hoehler, Rolf Eligehausen. Behavior and Testing of Anchors in Simulated

Seismic Cracks[J]. ACI Structural Journal, 2008, 5-6: 348-357.

[38] Rolf Eligehausen, Ronald A. Cook, and Jörg Appl. Behavior and Design of Adhesive Bonded Anchors[J]. ACI Structural Journal, 2006, 11-12: 822-831.

[39] Philipp Mahrenholtz•, Rolf Eligehausen. Post-installed concrete anchors in nuclear power plants: Performanceand qualification[J]. Nuclear Engineering and Design, 2015, 3: 48-56.

[40] Nam Ho Lee, Kwang Ryeon Park, Yong Pyo Suh. Shear behavior of headed anchors with large diameters and deep embedments in concrete[J]. Nuclear Engineering and Design, 2010.

[41] VDI/BV-BS 6205, Lifting Auchor und Lifting Anchor Systems for concrete components, 2012.

[42] CEB-FIP, Bond and anchorage of embedded reinforcement: Background to the fib Model Code for Concrete Structures 2010, 2014.

[43] CEN/TR 15728 'Design and Use of Inserts for Lifting and Handling', Technical Report, CEN, Brussels, Ferruary 2016.

[44] J. Furche and R. Elingehausen. Lateral Blow-Out Failure of Headed Studs Near a Free Edge[J]. SP 130-10, 235-252.

[45] 王召新. 混凝土装配式住宅施工技术研究 [D]. 北京：北京工业大学, 2012.

[46] 潘志宏, 李爱群. 住宅建筑工业化与新型住宅结构体系 [J]. 施工技术, 2008, 37(2)：1-4.

[47] 顾泰昌. 国内外装配式建筑发展现状 [J]. 工程建设标准化, 2014(8): 48-51.

[48] 中华人民共和国住房和城乡建设部. GB 50010-2010 混凝土结构设计规范. 北京：中国建筑工业出版社, 2010.

[49] W. Fuchs, M. Kintscher, & M. Roik. Inserts for lifting and handling of precast elements-where are the European codes A state of the art.

[50] Werner Fuchs, Rolf Eligehausen, and John E. Breen. Concrete Capacity Design (CCD) Approach for Fastening to Concrete[J]. ACI Structural Journal, 1995, 1-2: 73-94.

[51] Khalil Jebara • Josˇko Ozˇbolt • Jan Hofmann. Pryout failure capacity of single headed stud anchors, Materials and Structures , 2016, 49: 1775–1792.